New 新視野207
window

別輸在只知道努力

任職三星、LINE、阿里巴巴頂尖公司，90後外商副總教你打破年薪天花板

許詮——著

高寶書版集團

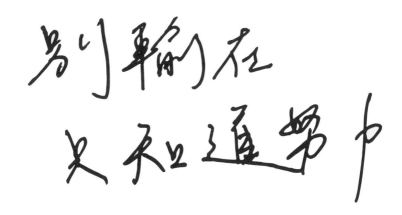

本書獻給

摯友和摯愛 Serena

職場家人 XChange

父母和我天上的父

過去的三十個年頭，謝謝你們的手托住了我

推薦序／誰說台灣年輕人沒有衝勁？

我在雪豹科技跟阿里巴巴的崗位上，跟許詮有兩次 OVERLAP。真正共事跟認識這個年輕人，是二〇一五年，他擔任雪豹科技 BD 經理的時候，給予他的任務，包含行動廣告、用戶獲取、內容變現、國際策略聯盟等，他總是能使命必達，甚至超前部署，贏得我以及其他公司高層一致信任跟好評，拿過大大小小的獎項。私底下我也很喜歡跟他哈啦，他總是有一種超乎年紀的幽默與視角，有的時候覺得這孩子真的比我還臭屁好笑，但確實是我職涯帶過最優秀的大男孩。

在我的管理生涯裡，我大致把人才分成 S、A、B、C、D 等種類，A 屬於超越期待，產出高於要求；B 是符合期待；C 是低於期待但還可以改進培養；D 是無法要求了，能力跟素質都不到，態度也不行。許詮屬於 S 級，我在一些分享座談的時候常常描繪 S 級的人才：有衝勁，規劃工作時同時也幫公司規劃戰略、幫自己規劃人生。這樣的人做事有立體感，節奏明快，舉一反十，而且生活規律，也就是說，S級人才生活管理也非常好，不論長輩關係、婚姻感情、人際社交、進修學習都安排得好好的，一步步往自己往目標邁進。我自己回想二十多歲的時候，也差得很遠。但這幾年創業，還真的認識若干像許詮一樣S級的年輕人，只是比例非常之少。去到中國，比例就會明顯提升，或許我在對岸遇到年輕人都已經是篩選過了才會進入我的圈圈，但這些年輕人就是極有狼性，有規劃有紀律到讓自己震驚和慚愧（比諸自己年輕時的傻樣、以及看看自己即將念大學的孩子）。

雖然書中分享了很多跨國求職以及職場的厚黑經驗，但許詮的衝勁不是急功近利的，他積極分享他的成就給同儕，這是更難的。因為他的盛情，我也投入他所創立的XChange社團擔任導師多年。要知道我參加過無數白領社團或學生平台，裡面的領導者沽名釣譽者有、師心自用者有、不歡而散者有，常常我們這些老人在旁邊捏一把冷汗，覺得一群有為青年往往難以互相合作。但XChange能經年累月的辦出高品質的活動，即使許詮不在台灣，這個組織仍然生生不息，造福非常多的年輕白領，我也感到與有榮焉，許詮對社會以及故鄉發展的情懷，不管從書中，或是活動裡，我都能真切的感受到。

最後，不得不提我跟許詮之間的介紹人，Serena Lin，也就是許夫人。Serena在二〇一四年先入職雪豹，是一個反應機敏、古靈精怪的女生，因為她的介紹，許詮才進來當了她的師弟，最後當了她的老公，我也很榮幸能替他們證婚。我曾經在二〇一七年天下雜誌的一篇網路專欄裡，提到Serena的成就，因為台灣公司的舞台太小，選擇飄泊異鄉，但心心念念的總是回到台灣，貢獻自己的經驗，拉拔更年輕的一代。無論是許詮還是Serena，這本書完整了記錄了他們進擊的過程、旅外的生活、以及對未來的想望，值得一看。

味全龍領隊、前阿里巴巴天貓台灣總經理、前雪豹科技董事長　吳德威

序／遊戲職場，我們都在半路上

二〇一二年政大指南溪畔，油桐綻放的四月天，同學們身著紫墨相間、黃花點綴的學士袍，滿校園歡快的留影，與這一切格格不入的身影，是二十二歲的我。

「徬徨」，是唯一能準確的描述我以及那個時空的形容詞。

法律系畢業的我，看到法條就發睏，想找個碩士讀兩年，延緩出社會的焦慮，做牧師的父親卻緩緩說道：「生活費學費自己出，還有兩個妹妹的學雜費要付，家裡沒錢讓你打混摸魚。」

甫畢業的我硬著頭皮投出四十多份履歷，感謝上帝，最終進了財星五百強的外商，以為人生就此一帆風順，現實卻是：天天加班到凌晨，和大學死黨蝸居在八坪不到的小公寓。要和室友說上話，只有早起趕公車前的五分鐘，以及午夜摸黑返家後，聽他早已沉沉睡去的夢囈聲。

一個月後，第一筆奮鬥成果的月薪終於進帳了！打開戶頭一看：

「新台幣兩萬七千元。」

腦子不爭氣的自動換算了下，這得要不吃不喝工作六十年才能買房啊……。但卑微的我似乎沒有任何資格，對生活懷有一絲美好希冀。

向座位右邊望去：年紀長我一輪的大叔總監，馱背蜷縮在電腦前，對眼前的工作已然沒有一縷熱情，年薪百萬就是他的職涯極限，這難道就是奮鬥十幾年後、四十歲的我該成為的模樣？

往窗外遠眺：政黨藍綠紅黃白的旗幟插滿這座島，新聞報導裡盡是不切實際的口水和抹黑，一整代台灣年輕人的低薪挫折與職涯困境，有誰關心、有誰能解？

你是否和我一樣？照著父母和老師說的，認真讀書、從好學校畢業、進了正派有名氣的公司工作，卻仍然日夜懷疑人生、繼續憋屈鬱悶的活在殘酷現實中？

有多少人與我同感，希望現實生活像遊戲一樣簡單、有趣，畢竟在遊戲的世界裡，我們能自由的轉換角色、享受競爭而後勝利的快感；在那裡，贏的定義是清晰可循的，我們的努力和成長更是真實可見的。

職涯何嘗不是一場大型遊戲？

其實自你我邁出校園，就是一場大型遊戲的起點，而這場無法重來的遊戲，叫做「職場」。

我們可以自由選擇不同職業，各職業體系有專屬的關卡和任務，這場遊戲的難度不低，更多時候是殘酷的。

那些早早進入遊戲伺服器的老人，更早開始練功、資源豐富，他們可以輕易用年資碾壓你、甚至成為你冒險途中的阻礙，是名副其實的大小「Boss」；還有一批課金玩家，仗著父母有錢，所有裝備直接刷到最高等，我們辛苦工作一輩子，都買不到他新手村就配齊的房和車，遑論各種通天人脈。低頭看自己一手爛牌，心想乾脆打掉重練、登出這個令人作嘔的職場遊戲，卻又擔心沒了工作生活無以為繼，只好摸摸頭繼續打鐵。

成功似乎並無關你的汲汲營營，而是在遊戲開始前就決定了輸贏。

然而我們偶會看到些這樣的故事，一些駭客同學直接開大絕破關，明明是同樣的起跑點，但不知道哪裡搞來了秘笈，出社會短短幾年就成了總監坐領高薪。

這本書，就是越級打怪的攻略筆記，或是至少作為三十歲以前的你，跨出職場新手

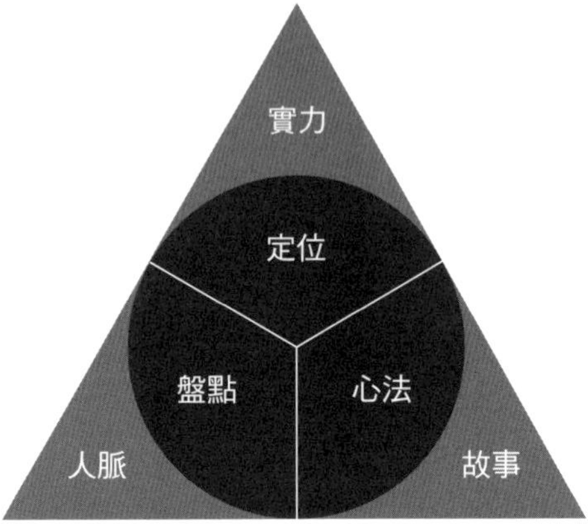

▲ 內功三招：定位、盤點、心法；
外功鐵三角：實力、人脈、故事

村的生存手冊。

本書的第一大章，用「定位」、「盤點」、「心法」三招，教你審視自己，畢竟欲練神功，不必自宮，卻一定要累積扎實的內功！

第二章，則是以職場江湖即學即用的外功「實力」、「人脈」、「故事」，告訴你如何在職場放大招、開外掛。我也將身邊職涯竄升特別快的真實故事寫出來，他們另闢蹊徑的方法不一定高雅、甚至有些取巧，但我們可以學習之後備而不用。

最後，第三章，是職場遊戲中的副本（Instance Zones，網路遊戲衍生的名詞，意指遊戲正本外的地圖和任務），勇敢挑戰沒人探索過的地圖，或許會碰到前所未見的艱難，卻有可能讓你脫胎換骨，成為金庸小說裡「東邪西毒南帝北丐」這樣的一方霸主。台灣是個四面環海的島嶼，是否敢於揚帆出海，嘗試從未耳聞新型態事務、翻轉人生勝利組的定義，都是我們這一代台灣年輕人可以共同思考的議題。

出來，是為了回去

沒有人願意離開摯愛的家鄉，我們出海漂泊，就是為了能滿載而歸、回饋台灣，這也是為何我創辦全台最大互聯網從業者社群——「XChange」的初衷，透過社群內幾千位網路圈夥伴的互助共贏，我們或許能改變一整代台灣年輕人的命運！

在這齣漫長的職場遊戲中，我充其量是個運氣好的新手，前頭還有眾多強大的前輩玩家們在領跑，這本書更像是給年輕朋友甫出新手村的指南，以及我自己這七年衝刺的一份冒險日誌。我期待它是一個真誠的紀錄與感恩，而不是為了高舉自己的虛華包裝。前路依舊茫茫，我仍一樣需要諸多貴人和導師的指點提攜。

最後，職場遊戲僅作為人生的一個面向，千萬別放棄了工作之外的家人、朋友和信仰，對我而言，這些才是在職涯中努力奮鬥的根基和意義。事實上，在無數個加班後挑燈夜戰、撰寫本書的此刻，我也正面臨重大的人生抉擇：

是要和老婆分隔兩地，隻身待在印度為高薪刻苦，拚一把提前退休？還是承受年薪折半降個三百萬，選擇和家人搬去一個舒適的環境開心生活？

如果是你，會如何選擇？

畢竟，定義我們是誰的不是學歷、不是家世背景，而是我們做出的每一個選擇。

我還沒有清楚的答案，但聖經告訴我，如果賺得了全世界、卻喪失了自己，那是最無益且可悲的。

一起享受這場遊戲中的歡笑、淚水和風景吧，我們都在半路上。

願世界繼續熱鬧，願你還是你。

職場遊戲入口已為你開啟，
立即掃QRcode進入職涯諮商室，
和許詮深度對話——

目錄
CONTENTS

推薦序／誰說台灣年輕人沒有衝勁？ 004

序／遊戲職場，我們都在半路上 007

第一回 練內功蹲馬步，殘酷的審視自己

1-1 直面你的七宗罪！把價值觀排序清楚 018

1-2 年薪五百萬不難！用工作三維定位自己 027

1-3 我打電動我驕傲！瘋狂亞洲富豪的時間投資心法 038

1-4 讓公司為你賣命！摸清楚規則再努力 046

1-5 不是不要臉！利用恥力讓自己更強大 057

1-6 公司是最渣的情人?! 067

第二回

練外功放大招，在職場開外掛

2-1 你是不是努力錯了方向？職場不敗鐵三角定律 080
2-2 換個 Title 換人生！教你偷吃步大全 087
2-3 三的三次方歸納，讓主導面試的不再是面試官！ 096
2-4 別用斜槓找藉口！勇敢Jump出最好的自己 104
2-5 懷才不遇？換腦袋才動得了屁股 111
2-6 愛拚不會贏！打群架才會贏 118

目錄

CONTENTS

第三回 遊戲副本，走別人不敢走的地圖

3-1 台灣南波萬？海外工作，不是得到，就是學到 130

3-2 你真的想清楚要出海？苦惱怎麼出海？ 143

3-3 遠征海外存活率最高的工種？BD能吃嗎？ 155

3-4 年薪千萬後，你敢 FIRE 自己嗎？ 169

3-5 走到這一步，算是成功且幸福了嗎？ 178

後記 188

第一回／

練內功蹲馬步，殘酷的審視自己

從內功和馬步開始，帶你全面檢視自己，對職涯做出清晰的價值排序和職涯定位、盤點自己的時間和遊戲規則、以正確的心法面對挑戰，只有把馬步扎穩，放出大招時才能事半功倍。

1-1 直面你的七宗罪！把價值觀排序清楚

你是否曾加班到深夜，回到家坐在床沿，覺得好不容易有一絲屬於自己的時間，但再不就寢，明天就趕不及早起上班，痛苦掙扎著是否該認命的睡去？

我個人很喜歡一部二〇一六年的美劇《西方極樂園（*Westworld*）》，內容講述一個由AI機器人組成的大型遊樂園裡，他們日復一日的醒來、工作、又睡去，入眠後記憶被洗白，隔日重複一樣的生活，而進來遊玩的人類則能為所欲為的對機器人燒殺擄掠。劇情圍繞在身為機器人的女主角，如何發現自己的人生不過是一場精心編造的謊言，從活在這個無限迴圈的Loop裡覺醒，從而極力改變自己的命運。

這何嘗不是我們每個人的故事？

面對巨大社會機器的運轉、時間與資本有限的人生，身陷如此囹圄，如何才能逃出迴圈，實現自我？

我蒙著頭，嘗試了最極端的方法：「把自己丟出台灣舒適圈。」

看看過去堅持的價值、從小被填鴨灌輸的世界觀、認為理所當然的想法，是否還能從一而終？

二〇一七年五月，我去了印尼雅加達工作。

這不是一個台灣朋友非常熟悉的國家，多數人可能僅知道它位於台灣的南方，比菲律賓再下面一些。你可能會驚訝地發現：全世界最多穆斯林的國家不在中東，而是印尼。

作為百分之九十人口是穆斯林的國家，印尼和台灣最大的差異之一就是每日五次的祈禱，除了上班時間的四次禱告，許多會議需要刻意為此錯開之外，辦公室一般需要設祈禱室，否則每趟跑到隔壁清真寺，可能半天的工時就蒸發了。然而以上都算小Case。

最讓人印象深刻的，還是凌晨四點的晨禱。在魚肚白的天空還沒交接給朝陽，當整座城市還享受著破曉前的寧靜，清真寺高塔的喇叭總是準時、毫不留情的劃破天際，喃喃地吟誦乘著迷幻轉音，時常讓人們從夢中驚醒，再沈沈的睡去。

好在我是個隨時都能睡著、睡下去就叫不醒的懶蟲，從來沒被祈禱聲擾了清夢，過去幾年唯一那次在凌晨四點醒來，是被一通越洋的電話驚醒，伴隨著窗外呢喃的祈禱聲，我迷糊的問道：「你家人還好嗎？什麼事這麼緊急，要凌晨四點從台灣打來？」

「Bro 真的很抱歉啊，我最近想轉職，正煩惱要不要去這間公司，想破頭一夜無眠，你一定要幫我判斷一下這個位置好不好啊！」

千里外電話那頭是我的一個拜把兄弟，依稀記得他在一家人人稱羨的外商工作，好像就是A字頭做手機的那家，「你不是在A社待的好好的嗎？什麼職缺這麼吸引你，讓你掙扎的焦頭爛額啊？」

「其實是S開頭的那家電商，找我做東南亞市場。」他說。

「很不錯啊！這的確值得一試！」聽到又有朋友要加入東南亞台勞陣線，更何況還是自己兄弟，當然事不宜遲，立刻提起精神幫他從各種角度分析優劣、檢視這家公司在東南亞的佈局，當然也不意外的被老婆驅趕到陽台，繼續這通越洋談心。

但聊著聊著，突然間我想起打從一開始就該釐清的關鍵問題：「剛剛聊了這麼多，你已經拿到 Offer Letter 了嗎？」

「我剛剛結束第一輪 HR 面試啦，感覺對方很想要我，真的很讓人猶豫要不要繼續面哎。」

我瞬間硬了，拳頭。

「你認識我多少年，不知道我最白眼那些明明還沒拿到 Offer，就開始到處找人聊自己該不該去，Literally『杞人憂天』的人？你這樣不僅浪費我的睡眠時間，也浪費了你認真準備面試的時間，別花痴想這麼多了，對方要不要你都還不知道，等你拿到 Offer Letter、價錢都開出來了再來打給我！」沒等他說第二句，我逕自掛了電話。

我生氣是有原因的。除了起床氣之外，這種還沒拿到對方 Offer 就焦頭爛額的情況，確實是許多人在轉職期間最常出現的「症狀」。這簡直就像是國中時暗戀班上同學，每天回家犯花痴、又找各種藉口不敢在現實中行動一樣傻。不過，這也算是人之常情，我自己也曾不止一次在面試階段時懷疑人生、懷疑自己，就像我也曾不止一次對暗戀的對象自作多情一樣。

做價值觀排序，誠實面對你內心

我兄弟不愧是我兄弟，他並不記恨我對他的直白，也在事後不費吹灰之力拿下該公司的 Offer。一個月後，我在雅加達市中心開完會，正大口嚼著 Carl's Jr. 的漢堡果腹，電話再度響起。

「你很喜歡在我吃飯、睡覺的時候打過來哎，可以幫忙體諒一下印尼與台灣有一小時時差嗎？」我一邊吞肉一邊沒好氣的說。

「Bro 拍謝啊，我中午一收到對方開的 Package 就想來跟你討論，照上次你說的東南亞前景、這家公司的投入力度，感覺舞台比現在留台灣大很多；但是他們開的薪水只比我現在高百分之三十，我本來以為可以翻一倍的，然而對方滿堅持不能再加了，這是不是太少啦？」他繼續滔滔不絕：「然後這間公司名氣真的比A社小，我爸媽都懷疑我是不是被騙去當移工，再加上你知道我是重朋友的人，馬來西亞一個朋友都沒有，我怎麼活啊！」

「暫停暫停，你說了各方面的考量，每一件事聽起來都很合理，所以讓你無法抉擇、心煩意亂，對嗎？」我忍不住打斷他。

「你怎麼知道！我現在快煩死了，平常邏輯清晰的腦袋都不見了，」他大嘆一口氣。

「這種時候，你只需要一張紙、一支筆、畫一個表格，然後問自己一個問題，事情就會解決了。」

「哦這麼神奇！我準備好紙筆了，下一步是？」

「把你剛剛說的，所有在乎的價值全部列出來，包括薪水、舞台、名氣等等，直向在第一行寫出來，然後把A社、S社的名字橫向的寫在第一列，現在是不是形成一個三行乘N列的表格？」

「接著由上到下、按照每一個你在乎的事情，衡量這兩間公司誰勝出，比如A社在名氣勝出，就在名氣那列給A社打個勾勾。你畫一下，我先吃飯，五分鐘後再聊。」

▼價值排序表－第一版

	A社	S社
舞台		V
薪水		V
名氣	V	
老闆好	V	
學習新東西		V
未來發展性		V
離家近	V	

掛掉電話，我不禁想起每次聊到這些人們在乎的事情，「七宗罪」這個意象就浮現在腦海當中。

「七宗罪」（拉丁語：septem peccata mortalia；英語：seven deadly sins），天主教又稱「七罪宗」或「七原罪」，指的是人性本惡的各種層面，包括貪婪、懶惰、傲慢、憤怒、嫉妒、色慾、暴食，這些浮誇的詞彙看似離我們很遠，但夜深人靜的獨處時刻、當你我誠實面對自己的內心，誰不會愛錢（貪婪）、誰不想做輕鬆事少離家近的工作（懶惰）、誰不想要更亮眼的公司、職稱和管理的權利（貪婪與傲慢）？

正如精神分析的創始人弗洛伊德（Sigmund Freud）提出的「本能理論」，這些看似負面的慾望，反而是我們最強的動力來源之一。轉職選工作是人生大事，**列出自己在乎的價值維度時，千萬要誠實的面對自己，畢竟社交媒體上的「照騙」唬得了別人，每日真實的工作與生活唬不了自己啊。**

我腦中回憶著大衛・芬奇（Quentin Tarantino）的神片《火線追緝令（*Seven*）》，覺得手裡的漢堡越來越難以下嚥，再次順手接起他的來電。

「寫完了？好，我們做最後一個動作：把這些價值按著自己在乎的程度排序，哪間公司是心裡的正解，就一目瞭然了。」

電話那頭傳來簌簌的紙筆摩擦聲，可以想見他正迅速的在表格上標注順序，「哇！真的全部排下來，A社的好處都被我放到後面去，思路瞬間清楚多了！」

「是吧！但是等等，全盤皆贏都可能比不上你第一名順位的權重，我知道你很在乎朋友家人的觀感，難道A社的公司名氣不是被你放在第一位嗎？」畢竟相知多年，我很清楚他的糾結所在。

「你太準了吧，第一順位到底是公司名氣還是薪水，我真的遲遲無法下定決心……」

電話那頭傳來驚呼，卻又隨即低落……墜入困惑的深谷，但好在我也有夠長的救生索可用。

▼價值排序表—第二版

順位	價值	A社	S社
1	名氣	V	
2	薪水		V
3	舞台		V
4	學習新東西		V
5	未來發展性		V
6	老闆好	V	
7	離家近	V	

「好吧，看來你碰到了加分題，請多把一件事考量進去：人生階段。」

說到這裡，我早已放下漢堡，開啟循循善誘模式，「我知道你一直很在乎名聲，享受和友人聊到工作時，大家投來那種羨慕的眼神。但是，你的履歷上已經累積了幾間華麗的外商，也到了最頂尖的A社，還有更加高大上的公司讓你去嗎？」

我趁勝追擊，「再者，A社在台灣就只有十人不到，你也老大不小了，沒有想過自己帶一個團隊練練管理能力？沒有想要挑戰台灣的兩百萬薪水天花板？我不影響你了，你再想想吧，因為只有你自己才知道這個階段最需要的是什麼，這是你的人生。」

我放下電話，看著路上行人匆匆。

時隔一年後，我們在吉隆坡重逢。是的，我兄弟做出了他人生中最大膽的一個選擇，放下包袱，到海外挑戰全新的人生風景。同樣是市中心高樓，同樣是各自開完商務會議，我們在一間美式漢堡店抓時間相聚，興奮地彼此分享這一年來海外生活的點滴。

一聽到我最近在和出版社聊出書的計畫，他鼓勵我把這個「**拿到 Offer 再煩惱，用一個表格、一個問題理清思緒**」的工作選擇方式寫進書裡，分享給更多和當年的他有同樣困惑的朋友。

雖然這個方式既簡單又直觀，感覺是再自然不過、無需教導的常識，但職缺在手、當局者迷，作為職場規劃扎馬步的第一篇，期待能幫助到更多人看清局勢，誠實面對自己現階段內心的渴望，並為自己的職涯做出更好的決定。

畢竟，沒人比你更懂自己，這是你的人生。

1-2 年薪五百萬不難！用工作三維定位自己

自大學時代開始，我跟幾個要好的死黨間有個不成文的約定，每回趁著大夥從世界各地飛回台灣相聚的時刻，總會一起玩個叫作「五年後」的遊戲。

簡單來說，每個人要輪流講出自己想像中五年後的生活，而且細節越清晰越好。

猶記得遊戲剛開始的第一年，剛畢業的我們坐在信義區的星巴克，Gary手裡還抱著GMAT的補習教材，稚氣但堅定的說著：

「我希望五年後的今天，我能在矽谷近郊的別墅中醒來，先吃完廚師做的有機早餐、和老婆孩子親吻道別後，坐進BMW的後座，請司機送我前往市區內的公司。與秘書確認完今天的日程後，再花三十分鐘與各部門主管晨會，確認是否有不在進度上的項目。中午與產業大佬們聚餐聊趨勢，再把下午分成兩個部分：一部分撥給必須參加的會議，一部分時間則是靜下心，以公司營運數據搭配產業現況，思考整體業務的下一步和突破點。最後，趕在晚餐到家與孩子同桌用餐，聊聊學校發生的事、聽孩子練琴，和老婆在運動室各自做完瑜伽和重量訓練後，一起喝杯紅酒、聊點心裡話，結束這一天。」Gary一口氣說完的當下，所有人都傻住了，一是被他鉅細靡遺的描繪所震懾，二是看到他夢想中的自己和現實差距實在太大，讓我們都不知道究竟該鼓勵他、還是勸他放棄夢想。

夢想之所以被稱為夢想，不就是因為它只是在夢裡想想的事情嗎？

後來，一年又一年過去，終於到了我們的五年之約。令人震驚的是，五年後出現在我們面前的那個Gary，竟然幾乎實現了當年痴人說夢的生活，我們驚訝於他的轉變與成長，但是每當問及箇中訣竅，他卻總是笑而不語。

作為Gary的密友，我好不容易在一次夜深人靜的Men's Talk中打開了他的心房，他終於緩緩道出五年前心裡的藍圖，這五年來又是如何實踐。以下我們就來瞭解他規劃職涯的邏輯，也用他和我的經歷做一個簡單的對比範例。

價值順位＋三維定位的威力

從一個口頭上的白日夢，到實踐現實生活中的職涯藍圖，當中的差異有可能極為巨大，要怎麼像 Gary 一樣在五年就觸及夢想？當中的關鍵就是要認識自己、找到自己在市場的定位，並且有計劃的鋪墊職涯。以下用兩個步驟歸納：

✓第一步、價值觀排序

花時間釐清自己這一生在乎的價值是什麼、它們之間的順位又是什麼，能夠為你在眾多眼花繚亂的選擇中指引明燈，讓你相對簡單的達到目標。在史蒂芬．柯維（Stephen Covey）所撰寫的著作《與成功有約：高效能人士的七個習慣》當中指出，「以終為始」是貫穿第一步到最後一步的關鍵思維。我也相信擁有這個思維，才能幫助自己隨時與目標保持最短直線距離。如何做價值排序，可以參考上一篇的表格法。

✓第二步、三維錨定

在確認價值順位之後，接著你必須錨定你的職場定位。若是在過去，職場定位只需要考慮到產業別（x軸）、職務別（y軸）這兩個維度，就能清晰的將自己的職場定位列在矩陣表上，一覽無遺。舉個例子，假設你對藥廠、製藥產業有興趣（x軸），並且擁有技術研發專長（y軸），只要將這兩個維度一對齊，職涯選項就能清晰浮現。

但在世界變快、變平、全球市場分工成熟後的今日，身處於什麼市場（z軸）已成為一個不亞於前兩者的重要因素，也直接的影響到職涯的發展與鋪陳，因此必須將「市場」這個維度也考慮進去，變成**「市場」、「產業」與「職務」的三維錨定座標**。若以一樣在藥廠擔任技術研發職位為例，身處美日德法等相關產業技術核心的座標市場，很可能比在台灣分公司有更多發展前景可期。

大道理講完了，來看實際的案例解析吧。

案例A Gary

✓第一步、價值觀排序

Gary對網路新科技極為癡迷，喜歡時刻身處於最前沿、最具競爭的環境，賺錢不是第一順位，畢竟家裡也不缺錢。

✓第二步、三維錨定

1. 市場：

當目標是要保持自身競爭力，中美兩國無論在資本、市場量級上，都無疑是全世界最競爭、最前沿的兩個商戰要地。加上 Gary 曾在加州當過交換學生，也相當融入、享受當地的生活風格，於是美國加州的矽谷自然成為他清楚明確的目標。

2. 產業：

說到最具競爭力和前景的產業，非網路業莫屬。但是，這並不代表所有的網路公司都處在行業前端，因此是否在風口上、是否是 Pre-IPO 的新創或知名大公司，都是 Gary 選擇時考量的重點。

3. 職務：

所有行業都有「職務鄙視鏈」存在，意即全公司幾十個部門當中，總有幾個職務專業是最不可取代的核心。例如快消品產業（Fast Moving Consumer Goods，FMCG）的產品和行銷部門、或是半導體供應鏈的研發和銷售單位，都是企業中的核心職務。而在網路產業中，核心則是技術和產品，接著再藉由運營、商務將產品做得更加穩健，最後才是透過品牌行銷對外宣傳、增加用戶量，並且藉由業務銷售賺錢變現。

同時，職務的可逆性也要考慮進去，一般來說，圓心外要往內朝核心走相對困難，從裡往外走就輕鬆些，尤其這兩年「AI將取代人類工作」的論調甚囂塵上，Gary很明確自己想在鄙視鏈的頂端、不想被AI淘汰，所以非技術出身的他，產品經理的職務就成了他的首選。

Gary的三維定位至此確認是：美國矽谷＋網路業風口上的知名企業＋產品經理。

在清楚自己的定位後，當務之急就是收集情報。在向多位產業前輩請教海外就職現況後，Gary從中發現到，除非是技術頂尖的工程師，多數員工都是先在美國取得相關學科碩士以上的學位後，才能進一步得到矽谷工作的門票，而且隨著時間推移，要在矽谷找到工作更是難上加難。於是Gary卯足全力考上M7*系列的MBA，在埋首課堂的同時，他也不斷透過各種門路爭取到矽谷企業的實習機會，最後錄

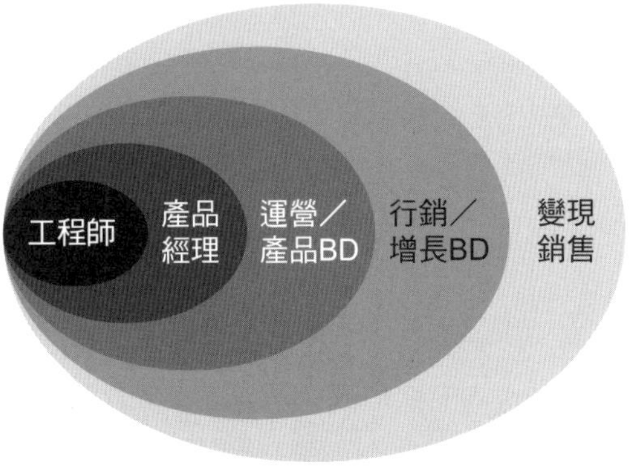

▲ 網路產業職務同心圓

* M7是美國享譽世界的商學院中，有「Magic 7」之稱的七校，該七所學校由Harvard, Stanford, Wharton, MIT, Chicago, Kellogg, Columbia組成，在MBA界被視為第一流的盛譽。

取為當年市值最高的網路企業總部實習生，更在畢業後獲得工作團隊一致的認可，留任「轉正」成為整個總部最年輕的亞裔產品經理。

而後的三年內，他一手幫公司疊代出適合亞洲市場的AI產品，同時也因為趕上公司將大中華區視為重要成長動能的起風時刻，他迅速升任部門主管，也和MBA時期的女友結了婚，上演了五年前夢想中的生活，從抱著字典苦讀的留學生華麗轉身，成為大家口中的人生勝利組。

Gary的故事是非常典型的美國夢，肯努力就會成功，正在閱讀的你或許覺得：我就不是讀書的料、我也沒錢去美國讀書啊！

如果你跟我當年一樣魯，接下來不妨看看我的例子。

案例B 許詮（我本人）

✓ 第一步、價值觀排序

基本上和大多數人一樣，剛畢業時的我其實沒想太多，希望在人們認可的大型公司任職，用正當穩健的方式、在最短的時間內賺到最多的錢。嗯，就先以年薪五百萬作為目標吧。

（碎碎念：這個價值排序雖然看似是個充滿銅臭味、甚至膚淺的目標，但作為Gary這位美國夢青年的對照組，我想表達的重點是：此決策系統可以適用於各種不同目標、不同個性的人，無論你要的是別人的尊敬、自我實踐感還是最現實的財務自由，都具有通用性。）

✓第二步、三維錨定

1. 市場：

當目標是賺錢時，市場是你不容忽視的關鍵因素。例如在台灣作為受僱員工，無論是哪一個產業都很難拿到五百萬年薪，就算有，也大多受限於市場大小和產業利潤空間，基本上屈指可數。但在人口大國的一線城市，或是外資活躍的新興市場，資深總監級別的職務就很有機會拿到如此水準的待遇。

中、美皆是許多人嚮往的市場，但畢竟人才濟濟，要成為行業中的佼佼者得突破重重競爭，尤其近年來台灣人才在對岸的稀缺性和不可取代性早已大不如前（從台商、台幹到台勞……），機會相對較少。若在歐美市場，則得將高昂的稅收和生活費用一併考慮進去，有時候掐指一算，存下來的錢可能還低於在亞洲同職級的朋友。

反觀新興市場，包括從二○○○年代的金磚四國（BRICs），到二○一○年代以來的東協諸國、可以預見的非洲，因為本國人才儲備不足，各行業的菁英除非有特殊原因，大多又相對不願意去發展中國家吃苦，在人才供給不足的情況下，導致人才市場溢價許多，成為對你我有利的賣方市場（Seller's market）。尤其在互聯網產業爆發、中美兩大勢力積極搶佔市場的時局下，外派人才至新興市場的需求極大，許多公司樂意用高薪作為外派的交換條件，是個尚未為人所知的肥缺，這也是我會選擇以外派身分在印尼、印度等海外新興市場深耕的重要原因。

當瞭解整個行業和區域市場的特性後，就能大幅提高薪水的起跑線和天花板，在在應證了「選擇比努力重要」這句名言。

有人說，「最可怕的是富二代比你聰明還比你努力。」
但我想說，更可怕的是你只知道埋頭努力。

2. 產業：

在以賺錢為目標的前提下，我評估在傳統產業範圍內，應屬金融業的前台角色（Front Office）及管理顧問業能有機會拿到新台幣三百萬以上的年薪，除此之外，就屬近十年興起的網路產業有機會讓年輕一代彎道超車，這也是我堅決待在網路業的原因。

而我執著於大公司的原因也相當單純，如果目標是五百萬、甚至千萬年薪，基本上只有大公司、跨國集團比較有能力支付這樣的薪水，而且成長概率和速度也是較為穩定、容易估算出來的；相比之下，小公司的利潤只能負擔極少數此薪水等級的經理人，而且壓力與薪水成正比、職位與壽命成反比，簡單說就是壓力大、位置又少。

3. 職務：

呼應前面提到的「職務鄙視鏈」，如果簡化網路業同心圓由內而外的順序，大致上是：「研發、產品」大於「運營、產品商務」大於「用戶增長商務、行銷、銷售」。重要性則通常和薪水成正比，以圓心內為最高。我清楚自己不是工程師的料，所以產品、運營和商務理當是我的首選，另外銷售有業績獎金的誘人抽成，也相當值得列為一個考慮選項。

你可能會說，創業當老闆賺的不是更多？但創業的成功機率有多大，只要 Google 搜尋都有答案。的確，在前幾年網路業熱錢噴發的榮景時很容易能融資募資，但從二〇一八年底進入新一輪寒冬後，對於不願意承擔太大風險的我而言，在大企業裡打工、安穩的賺大錢還是更有把握一些。

我的三維定位至此確認是：新興市場外派、網路業大公司、產品運營或商務。

然而以上都是事後諸葛。剛畢業時的我並不如 Gary 那樣深謀遠慮（他是事前諸葛），大學畢業時並沒人為我剖析過這一切，一路走來跌跌撞撞，更多是抓住眼前機會和上帝恩典。

在畢業剛入行的頭幾年，我陸續在幾個知名外商嘗試過行銷、銷售等職務經歷後，一度也在職場上迷惘、徘徊，找不到最符合我價值排序的職務。直到我因緣際會碰到了行銷＋銷售的職務綜合體「BD」（Business Development），並偶然發現了外派新興市場是人才稀缺、薪水高的好機會，才讓我頭也不回的走上了海外BD這條路，也真心感謝上帝讓我遇見這個市場＋職務的組合，讓我提早達到設立的薪水目標。

1-3 我打電動我驕傲！瘋狂亞洲富豪的時間投資心法

市面上有不少成功學的文章與快書，倡導年輕人應該無時不刻利用時間來學習，對此主張我稍稍抱持不一樣的態度。

要忙碌還是要廢是個主觀決定、無關對錯，更重要的應是控制「時間的單位產值」。若我能用三小時做完別人加班十小時才能完成的工作，那麼究竟是要坐在辦公室忙碌一整天、還是只花三小時完成工作後回家睡覺，那是我的個人喜好，沒有對錯之分。

大家都同樣只有二十四小時的籌碼，**但是大多數的人選擇用時間來換錢，是因為他們不明白，「時間比金錢更重要」的道理。**

馬克思曾說過：「一切節省，歸根到底都歸結為時間的節省。」所以我想聊的不只是如何善用時間，而是如何省時。

在進一步嚴肅的討論「時間規劃」之前，先讓我給個顛覆三觀的實例吧！

打電動真的錯了嗎？

印尼是個貧富差距極大的國家，一條條被污油浸透的街道，一群群赤著腳的孩子向你奔來，不是為了歡笑玩耍，卻是為生存而乞討，這些景象在印尼的首都雅加達並不特別。於此同時，拚湊搭建成的貧民窟相鄰的隔一條街，就是富麗堂皇的私家豪宅，高級商場與鐵皮屋櫛比鱗次的錯落，竟形成毫不扞格的獨特市景。每當坐車經過貧民區，最常看見路邊的人們穩穩蹲著馬步，揪著手機使勁地打電動，彷彿沒有明天似的大把揮霍著時間。

稍加思考其實也覺得合理，既然出去工作的收入這麼低，把時間花在電動遊戲上，雖然沒有產值，卻能獲得心靈上的極大滿足。也因此從二〇一八年底開始，中國的遊戲公司為了配合政府政策，限制未成年人的每日遊戲時間不得超過兩小時，就是怕大家沈迷在所謂的「低級娛樂」中，虛擲時間在毫無產值的事物上，造成一整代人時間產值的低落，並直接降低整個國家的生產力。這也是為何我一直認為打電動是件罪惡、又稀釋了我時間價值的毒藥。

然而我卻對這毒藥深深上癮。

有一次，我和同在異地打拚的台灣夥伴相約去印尼華裔友人家玩，在驅車穿過一大片鐵皮屋後，我們抵達了他的氣派豪宅，這位友人的新創公司去年以數億美金天價賣給印尼獨角獸集團，是以美元計價的億萬富翁、名副其實的「Crazy Rich Asian」。

映入眼簾的是兩層米白色的歐式建築，整幢房子目之所及皆由挑高的落地玻璃窗包覆，想起剛才經過雜亂無章的貧民區，令人有種大漠桃花源的不真實感。女主人拉開厚重的沈香木大門迎接我們，寒暄後我們一起逗著他們家的貴賓犬、討論著下次要去哪裡潛水，然而就是遲遲不見男主人下樓。

這時女主人解釋道，她先生自從創立公司後，每天只花四小時處理高強度的公司戰略和投資決策，剩下八小時全都拿去打電動，其他包括煮飯、打掃、照顧三個小孩、安排行程等生活瑣事，就外包給三位幫傭、一位秘書和一位司機處理。

你問為何需要三位幫傭？一個小孩配一位幫傭，剛剛好囉。（看看人家再想想我的童年……）

聽到這位友人的日常行程後，我當場愣住了：難道電動不是十惡不赦、降低人類產值、吞噬時間的壞東西嗎？為何有人一天花一半時間在遊戲上，卻沒有淪為街邊無所事事的赤貧階級，反而能成為億萬身價的富豪？

難道有錢人真的想的跟我們不一樣？

富豪級別的時間投資法，讓你的時間價值更高

詩人歌德說：「時間是我的財產」、大家常言「時間就是金錢」，就是因為時間的屬性和貨幣有許多相似之處，甚至連那句理財名言「你不理財、財不理你」都可以套用在時間上，如果你不謹慎管理時間，很可能到了中年才發現自己一事無成，大把青春時光血本無歸。好在，我們的確有方法可以讓自己的時間價值更高，以下我們試著用簡單的步驟，剖析這位富豪的時間投資心法：

✓ 第一步，盤點時間本金

1. 如同貨幣一般，時間是有限的，所以在不同的投資標的上需要妥善分配比例。
2. 如同匯率一般，每個人的「單位時間價值」是浮動的，最簡單的計算方式即是用公司給你的年薪除以實際工作天數，就可算出現在每小時的市場願付價格。比如看似光鮮亮麗的公關業總監，年薪百萬但日工時十五小時，時薪就是兩百五十元

有找，可能和當國中生家教是相近的。

3.時間是可以交易的，幫公司工作其實就是定價批量賣出自己的時間。

在理解上述特性後，我們可將一天、一年能支配的時間表，看作是自己的總購買力，而各種人生任務就是投資標的。

✓ 第二步，認識時間投資標的

我傾向將人生的任務分為以下幾個大類：1.工作、2.興趣、3.關係、4.生活庶務、5.休息，每個標的都需要花費大把時間成本經營。在進入規劃時間投資組合之前，建議大家可以先從記錄開始，像理財記賬一樣，瞭解自己最常把時間花在什麼任務上、看清楚自己的習慣和盲點，下一步才是事前規劃和後續成效追蹤。

✓ 第三步，規劃時間投資組合

把各種任務填進時間表，決定要花多少時間、做什麼事。從這位富豪的投資組合觀察，其實面對「工作」、「興趣」、「生活庶務」這類任務，我們有機會使用交易的方式增加或省下自己時間價值，以下是幾種調配時間的策略：

1. **省時間：**對於自己不在乎、不喜歡、不擅長的任務，若自己的單位時間價值比這個任務的市價高出許多，就用外包的方式處理。比如打掃、煮飯不是他的興趣和強項，且印尼的庶務人工極為便宜，換算他個人時薪五千、幫傭時薪不到一百的比較下，讓幫傭來處理，省下這些時間極為合理。

2. **賺時間**：對於自己在乎、看好、想要增加投入的任務，若買斷別人時間的價錢低於他帶給你的價值，主動買斷。例如這位友人在建立了新的商業模式和SOP後，就以企業模式買斷大量員工的時間來執行SOP，每雇一位銷售員工、就能讓他以較低的成本賺得員工產生的利潤，卻不浪費他自己的任何時間。

另外，他為孩子請的才藝家教也是好例子，買斷經驗豐富者的時間，讓小孩在短時間獲得教學者花數倍時間累積淬鍊的知識技法，說不準孩子還能將才藝轉換成賺錢的能力，進一步增加了自己的時間價值。

3. **互換時間**：找到一群擁有互補技能，各自在其領域都極為專精的同伴，每個人以極低的時間成本產出對方需要的重要資源，最好的狀況是，在沒有金錢交易下達成。

當天稍晚這位富豪終於下樓吃飯了，餐桌上聊到他最近有興趣的現金貸投資風口，剛好在座也有該領域的專家，簡單幾句把市場機會、競爭格局、在地化洞察講得清清楚楚。而作為回報，富豪本人也針對他熟悉的電商市場趨勢做了分享，我當然也趁機筆記整理成最近要交給老闆的報告。

看到這裡，我們用個簡單的四字口訣來複習一下：「省賺互換」。不但連貫好記，也有實用深意在其中。**省時與賺時對應不同時機交叉運用，讓你快速累積比金錢更強大的時間資源！**

人生很公平，這兩件事你只能親力親為

然而以上幾種撇步有個小 Bug，因為在所有的時間分配標的當中，有兩項是無法由他人代理、必須要親力親為的任務，也是我們最容易忽略的部分。

那就是「關係」和「休息」。

說到關係，投資時間在關係上永遠是最值得的，尤其是跟著你一輩子的家人、伴侶。我們看過太多老套的故事：大老闆功成名就以後，回來怨嘆忽略了伴侶、失去了家庭，這種唾手可得的失敗案例我也不須贅述了。故事老套依然有人傳誦不絕，是因為它就發生在你我身邊，也可能會是你我。

而說到休息，其實可以再細分為生理和心理的休息，許多人明明累了一天卻撐著不上床睡覺，正是因為還未透過真正讓他愉悅、放鬆的方式得到心理休息，這也是為何富豪在高強度腦力運作後，需要透過打電動得到放鬆和滿足。**原來不被制約、有目的的低級娛樂換個角度來看，也可以是極有產值效率的！**

身為一個普通人，在瞭解完這些富豪級別的操作後，我決定效法他每天玩八小時電動（大誤）。話說回來，我也曾經有過類似的操作經驗：把報帳、訂機票、寄陌生開發信件的事情外包給更擅長的朋友，省下的不僅是表面上的一到兩小時，更是心理上巨大的解脫。

我也要趁機感謝一下我的父母，雖然沒有給我配幫傭，但從小在放學後他們總是逼著我做「時間計劃＋記錄表」，培養了把時間分區塊的概念、優先執行更有產值的練琴、閱讀的好習慣。至今我無論於工作團隊、私人生活上都用時間表做嚴謹的規劃和記錄，每當感到灰心無力時，看到記錄表上經年累月疊起累積的小小成就，內心的小宇宙就能再次燃起力量！

希望大家看完本篇後有些許收穫，一起養成好習慣，往富豪級別的時間投資組合前進！

1-4 讓公司為你賣命！摸清楚規則再努力

老闆們不一定在所有事上都很有智慧，但唯獨在發薪水這件事上，他們肯定都是精明而務實的。當你滿懷感激地簽下 Offer Letter 的同時，公司早已秤斤秤兩計算好薪資成本和利潤空間。套用「時間投資」的概念來看，老闆就是用較低的價錢買斷你的時間，賺取高出你薪資幾倍的利潤，大方一點的老闆可能會把一點點零頭分享出來，a.k.a.「那讓你喜出望外的獎金」，而我們其實被人賣了，還在開心地幫人數鈔票。

這裡未看先猜一下，本書出版後，想必會有老一輩的讀者質疑我的薪水與實力不符，但我想給這些朋友設個情境題：如果各位成為一個公司的老闆，真的會發給員工超出產值的薪水嗎？

以當年我在某知名外商的真實經驗為例，當時團隊在成立初期就幫公司賺了好幾億台幣、拿下台灣市場近二位數的市場占有率，從我們的人力成本回推，公司的獲利超過上百倍。你可能好奇，既然幫公司賺這麼多、獎金應該不容小覷吧？我們也好奇的問了總部，得到的回答是：

「未來有可能設立獎金制度。」

但可惜的是，在我離開公司前一毛獎金都沒拿到。

如果千百年來，無數的公司老闆都精算、利用了你我的勞動力，為公司賣命過勞被送去加護病房，老闆卻只想著找繼任人選……。難道身為勞方的我們只能默默承受，在老闆荷包鼓鼓時，甘願接受「你只是顆棋子」的宿命嗎？

至此，我要站出來大聲說：

讓公司為我們賣命吧！

說得和「我要成為海賊王」一樣滿腔熱血，具體又該怎麼實踐呢？我認為，首先該改變的現象是「得不到與努力等值的回報」。例如，當你為公司賺了幾億卻沒拿到應得的獎金，或者明明在團隊中是業績第一名，卻還是得忍受無差別的週末加班、甚至齊頭式平等的年終獎金……。

若職場是個遊戲，最關鍵的攻略就是瞭解每個公司關卡的遊戲規則，在合約上簽下自己的名字以後，我們或許無法控制公司決定給我們多少薪水，但我們卻可以決定自己要付出多少與回報相稱的努力！

薪水、職級、團隊？適當努力換取等值的回報

「以終為始」，是我們耳熟能詳的心法。在你開始捲起袖子前，有兩個必要的步驟，以免一股腦衝刺的同時，卻不清楚自己的方向、目標，也沒摸熟公司的遊戲規則，到頭來只是歲月蹉跎一場空。

首先，第一步是搞清楚你期待的回報是什麼。是薪水多寡？職級高低？還是獨當一面，管理多少人的團隊？

第二步則是摸透本關卡的遊戲規則，公司的規定與看重的東西是什麼？釐清並預測要付出多少努力才能獲得你預期的回報。

在職涯起步時，曾遇過一位令我至今敬佩不已的老闆，他的正職是某跨國互聯網巨頭的大中華區部門副總裁，副業竟是巡迴世界表演的樂團鼓手，是名副其實的斜槓人生勝利組。當年，在我煩惱是否該離開如日中天的L社、加入還不被大家熟悉的C社時，有幸和他請教職涯方向。

在擁有無敵海景的員工餐廳，我們對視而坐，他並沒有正面給我一個直接的答案，而是，緩緩道出自己的工作心法：

「過去幾年，我一直作為公關經理為這些外商企業打工，而我的最大目標就是要拿到更高的職級。於是，我嘗試摸清楚公司的晉升規則，發現這間科技巨頭將組織劃分為專業線和管理線，技術人員可以在不管一人的狀況下，靠強大技術實力升到總監以上。但我身處難以評估技術能力的公關部門，職級升遷與團隊、業務大小息息相關，必須攬下更大的專案、擴張團隊人數，從而證明自己能勝任更高的職級。」

他接著自信滿滿、卻又五味雜陳的說道：「在創造出那些膾炙人口的公關案例後，我順利擴大了團隊規模，升到行銷暨公關部門副總裁，當時覺得自己厲害得要飛天了，但接下來的兩年，我才清楚意識到，這已經是地區辦公室的職級天花板頂端，除了那些在總部任職的老外，已經沒有我往上走的機會了……。」

我當時並不相信這就是故事的結尾，「你後來還做了什麼嘗試嗎？」我深知眼前的前輩不是一位輕言放棄的人，這也是我深深敬佩他的一點。

「的確，在職級攻頂之後我仍不死心，開始將目標轉向薪資的攻頂。迎著一波趨勢風口，連三年我都讓台灣辦公室達成全亞洲最好的成績，年年都加薪百分之二十，很快又達到此職級的最高薪資，同時累積了可以買下一套帝寶的公司股權。」

後面要提到的這段故事，更是我這輩子聽過最勵志、最打破思維框架的部分：

「在職級、薪水雙雙攻頂後，我精算了自己的工作時長，發現用早上三小時就能完成公司任務，後續再多的付出都無法拿到等值回報、不符合時間效益。同時我發現那些美國高管們，個個是爬山、潛水狂熱者，他們只要能完成公司交付的KPI，剩下的自由時間都投入在自己的興趣之中。」

他拿起水杯喝了一口，「於是我就決定把部分工作時間拿去研究作曲知識、下班時間全心練爵士鼓，不再把人生的全部都賣給公司。」

他也因此與高中熱音社老同學從酒吧駐唱開始，爾後一路高歌進軍至各國巡迴表演。雖然這位老總的故事真的很奇葩、似乎讓人覺得難以企及，但在他身上，我得到的職涯攻略心法是：

「精算公司規則後，用適當的努力換取等值的回報。」

更大的人生啟發則是：「如果我已經達到公司要求的產出、再多做也無法獲得更多獎勵，那為何不把時間拿去做自己喜愛的第二興趣？平衡工作與生活？」

除了薪水職級，公司還能給我的人生帶來哪些附加價值？

這位副總裁用最有效率的方式，不僅換取到了高薪、頂級職級，甚至還換到了時間自由。不過，除了這些典型的好處之外，我們還能從公司爭取到什麼？

各位連去買菜都會問能不能送把蔥、去超商購物都不忘跟店員要集點數了，難道大家從來不好奇：

我們把人生一半的時間賣給了公司，除了錢，公司還能給你的人生什麼額外的價值？

以下列舉幾個常見的好康，一是幫我們的人生與能力增值，二是在你工作上遇到瓶頸的時候，感覺自己多少還是能賺到些金錢之外的東西：

✓ 公司是你最好的名片

像你我一樣的小蘿蔔頭，縱使身懷絕技，若想約重量級前輩或知名大品牌的老闆開會，那是比登天還難的事。你不得不承認：

「自己默默努力很重要，能夠被眾人認可也很重要。」

職場上的外在標籤決定了人與人之間的交際，如果不是自帶高顏值、富二代的身分，就得靠自家公司的名氣來拉抬身價，拿到和大佬們認識的門票。又或者你可以透過培養和公司內資深同事的關係來踏出第一步，若前輩願意帶你和行業老友們吃飯打照面，這人脈的深度和廣度是你單打獨鬥數年還不一定能拿到的。

這是來自我過去的實踐經驗。不諱言地，在L社任職期間，我也曾善用公司的品牌，開啟了和自己敬仰的各路大神們聊天的機會大門；我也在提早達成全年KPI後，運用閒暇時間創立網路從業者社群「XChange」，將產業內外的朋友們凝聚在一起，分享彼此的Know-how和Connection，思考如何為產業、公司與彼此創造更好的未來。

一個人走，可以走得很快，但一群人一起走，你才有機會走得更遠。

✓ 無法挖走整座寶山，但需時刻記得它的可貴

許多公司都有供內部使用的公共檔案夾，裡頭可以說是該產業的藏寶庫，可挖的寶藏小至每週的行業PR監控、大至過往季度彙報、內部培訓等資料，應有盡有。更別說是那些市場調研或管理顧問公司，他們的知識庫裡不僅有過往案例的整理，更有自研常用的方法模型。

這些文件也許在你看來表面上一文不值、難以食用，卻是隔著一道門外的許多人求之不得的寶貴資產。為了不要到離職後才哭著體會「曾經觸手可得，如今陰陽兩隔，想

找那份資料卻再也無法得不到」的痛苦，趁早用功學習、將這些寶庫內的知識內化到自己的腦海才是最聰明的作法。

✓ 集團作戰為何無往不利

所有的大公司都曾經是小公司，而大小公司各有其優勢與劣勢，但一致公認的是，大公司能成長到今天的模樣，必然積累出了一套值得學習的組織管理與分工方式。C社做為中國互聯網出海的先鋒，培育了一批能在世界各國建立在地團隊的專家，這些專家們離職後，也持續幫助了第二批出海的公司建立海外團隊，這些成功的結果都是得益於前面母公司的跨國合作模式和經驗。

就像羅馬能夠屹立數百年，正是靠團結有序的步兵方陣，才能打遍天下、在戰場上擊敗數以十倍計的敵人，建立不朽的帝國。即便他們的國家在歷史洪流中淡去，但羅馬的制度與思想依然流芳百世。

✓ 好處就在那，只要你的口袋放得下

說完了看不見、摸不著的，接著來說些你可以實際放進口袋的好處。互聯網公司的行業標配之一，就是莫名華麗的員工福利，比如吃到飽的哈根達斯冰淇淋、每週提供專

人按摩、健身房打折、加倍的午休時間等等。我曾遇過有位同事每天利用午休時間到樓下的健身房報到，兩年後離職時，他不僅帶走了漂亮的履歷，還練出了媲美健美先生的倒三角身材，名副其實的滿載而歸。

當然，所有「好處」當中我認為最實際且兼顧內外成長的部分，莫過於趁著出差的機會「開闊你的眼界」（broaden your horizon）。

許多C社的老同事在出差的同時，不僅趁此遊遍了全球五大洲、數十個國家，交到各種不同種族、文化與國籍的好友，甚至把飛行里程累積到了鑽石等級，在自我成長的同時，這些寶貴的經驗與所得都讓我們對公司感念於心。

✓ 累積下一次面試的故事、下一次創業的養分

天下無不散的筵席。每當加入新的公司，我總會問自己一個問題：「我在這間公司能累積什麼專業經歷，讓我在面對下一次面試時，自信的說出來？」凡是你在公司打拚的一切心血結晶，都應該總結成充滿亮點的故事放到人生履歷當中；所有迎面而來的日常工作，都應該「以終為始」地為了未來打算。如果你驀然回首，發現過去到現在做的事一件都搬不上檯面，那就是該徹底檢討、重新計劃的時候了！

而最集大成善用公司者，就是在回饋、幫助公司成長之餘，使用公司的資源創業。

我一位麻吉前同事，因為從調研任務中看到市場趨勢上的機會，以原公司新釋出的開放技術創立了自己的公司，不但和原廠平台共同合作，優先使用測試版新功能外，最後原本的老東家還大手筆投資，幫助他與新公司成為其產業生態圈的一員，這才是真正成功的讓公司為你工作啊！

讓你的努力值回票價，因為你真的值得。

第一天進辦公室，就被主管趕出去？

前面談到許多「用公司幫助自己」的概念，可能讓很多人並不習慣，這讓我想起某位死黨曾分享過的故事。他在美國辛苦拿到碩士學位，畢業後搶破頭拿到了可以留在當地工作的 Offer，但第一天進上班，才下午五點就被主管趕出辦公室……。

「Get a life! Come on!」

主管一邊揮手趕人，邊梳妝準備去參加與隔壁公司的 Happy hours，這對長年習慣加班、前輩沒走不敢下班的我們來說，不亞於一次職場文化的重磅衝擊。

人生真正重要的是加薪、升職與公司股價嗎？
我們是不是在這場職場遊戲中本末倒置了呢？
真正讓人絕望的，不是遊戲卡關，而是你忘記了這場遊戲的目的。

1-5 不是不要臉！利用恥力讓自己更強大

隻身在異鄉工作，天天和印尼、印度同事用英語打交道，雖然溝通無礙，但還是下班後用母語中文相處最放鬆自在。身邊說中文的同事在海外就像是自己的第二家人一般，上班坐在彼此隔壁、下班一起吃飯、回家睡在同一棟酒店式公寓。日久生情……不，是朝夕相處之下，第一眼再不討喜的人，你也會慢慢發現他的可愛之處。

小傑就是我日夜相處的好室友，高中奧林匹亞數學競賽第一名、以該省前三名的成績考進北京清華大學、二十六歲就當上公司的運營部門總監，他就是我們父母口中「別人家的孩子」的完美典型。但這些成就於他而言都只是虛華的表象。

如果近距離相處，會發現他桌上永遠都放著一組擦得黝亮的茶具和 SKII-Men 爽膚水，三餐總是千篇一律的吃著同樣幾道素菜，聽他說話好像聽古人吟誦詩詞一樣，遣詞用句高雅、聲音溫潤而不張揚，上台簡報時有理有據、不畫大餅，碰到工作難題時也不愛麻煩別人，總是自己動手解決，甚至在老闆作出帶有偏見的決策時，他也是全公司唯一敢「犯顏直諫」的人，活脫是《論語》裡走出來的孔仲尼再世，也是曾子所言「士不可以不弘毅」的最佳代言人。

如果說小傑是職場之光，那麼另一位同事阿勇或可說是職場現實處無所不在的暗影。梳著油頭、帶著滿臉世故笑容的阿勇，永遠是當總部 CEO 前來巡視海外辦公室時，第一個湊到大門鼓掌歡迎老闆的人，不但聚餐時搶著幫上級點菸、倒酒，老闆在會議裡說了再不合理的話，他也總是第一個附和稱是，而要是碰到各種業務困難，就透過四處喬關係、用請客陪酒的「手腕」來解決。

在小傑眼裡，阿勇就是個不入流的小人。在辦公室茶水間相遇時，小傑從來不用正眼看待阿勇，在他烏托邦式的理想世界裡，容不下阿勇這種鞠躬哈腰、缺乏能力的鼠輩。作為小傑的好友，我雖然也看阿勇不順眼，卻也時常勸小傑對己對人都應該放寬一點，別在維持他完美儒家風範的同時，卻反被旁人當成了正義魔人。

灑脫久了，總是要埋單的。在一次年度策略會議上，小傑一如既往挺身指出老闆的決策偏誤，但老闆這次也不想示弱，雙方就這樣在會議上僵持對峙，甚至當著全體同事的面發飆對罵，我在後面狠狠地為小傑捏了把冷汗。

過了兩週，不等老闆開口，小傑自己請辭了，兩個月後他出任當地另家公司的總監級職務，敘舊時我滿心恭喜他升官發財，但他依然「擇善固執」，對新公司的老闆和政策頗有微詞。又一個半年過去，他再次辭職、遊山玩水去了。

做為曾經二十四小時黏在一起的好室友，每當回想起小傑的往事，只能不勝唏噓。

反觀阿勇，他的業績表現普普通通，但憑著阿諛奉承、打點老闆的生活起居，他不但獲得年度的晉升提名，隔年組織調整時，也一躍成了管理五人團隊的小組長，和小傑的際遇形成了鮮明的對比。

從職場陰影處走出來的人，最後成為了生存下來的贏家。

在職場上，像阿勇這樣投機上位的人並不少見，這些人碰到威權勢力就唯唯諾諾，平時說大話不打草稿，明明只有三分實力卻能講得八分滿，遇到問題不依靠實力、而是依靠關係解決、甚至去騷擾不認識的人幫忙。但這種人最後的下場，不是掃地出門，而是清一色拿到了更好的職位、進更知名的公司，甚至最終成了「小傑們」的上司。

在智力（IQ）、情商（EQ）都不能涵蓋解釋的情況下，我歸納出一項決定這兩類人職涯的最大分歧特質，那就是「恥力」（SQ）。

由新垣結衣主演的知名日劇《月薪嬌妻》裡有句名言：「逃避雖然可恥但有用」。

在劇情的一開始，男主角平匡對女主實栗說了這句話，出處來自於匈牙利的一句諺語（Szégyen a futás, de hasznos），大意是：「生活中有些事不要太勉強自己，雖然逃避是可恥的，但活下去更為重要。」

我們在人生的大多數時候都被教導不可以放棄、不可以逃避、要堅持到底，但若一味堅持、不知變通，或是剛愎自用、不懂暫時妥協，最後難免會處處碰壁。有時候，「繞遠路才是最近的捷徑」，不是嗎？恥力（SQ）就是這種妥協智慧的展現。

我認為「恥力」更精確的定義是：「承受忍氣吞聲和阿諛奉承的恥辱、承受說大話沒達成的羞恥、承受請求別人幫忙時要消化的自我尷尬，以及充分察覺到這是一場忍辱負重，而非單純不要臉」的能力。簡單一句就是，「試著把你的面子和偶像包袱放下」。顯然，小傑的恥力很低，而阿勇看起來則是恥力全開，從而使得他們職場命運大不相同。

不是不要臉：恥力全開的是壞人，適度的恥力可以是聰明的好人

本來我和小傑走得較近，也一樣看阿勇不順眼，但小傑早已遠去，一起生活的同事已經屈指可數，在異鄉的職涯中孤立別人，到最後也只是和自己過不去。於是我開始接

受阿勇的飯局邀約，工作上也慢慢有專案合作，在這些日常相處的交談中，我慢慢發現阿勇「並不邪惡」，甚至他也大方承認自己的行為並不優雅、不值得效法，但因為從小在市井裡長大的生活經驗，「恥力」正是他在街頭習得的生存智慧，雖然看起來不甚光彩、也有違我們從小被灌輸的禮義廉恥等大道理，但在現實的職場生存中，這些行為並沒有以傷害別人為代價，有時甚至還能讓事情推進得更順利、讓自己過上更好的生活。

Why not?

沒錯，我正試著挑戰與顛覆你習以為常的一些觀念，如果讀到這裡你開始手掌冒汗、隱隱感到不適，恭喜你！這本書對你來說是有價值的，你的「時間投資」用於閱讀此書是值得的。

恥力應用場景一 識時務者為俊傑？

「每當老闆情緒崩潰、口出惡言時，我忍住，因為我必須要忍住；每當老闆提出不合理的要求時，我第一個自願認領，當成磨練來做。」

當我問阿勇，為何要用理性壓過感性，像條聽話的狗，犧牲自己心底的任性和骨氣？他用一副看盡世事的成熟口氣說道：「我非常清楚自己來工作的目的就是為了賺錢，只要越受老闆的重用和依賴，我就越能達到目的。你問我為什麼每一天腰彎得下去，因為我知道自己在朝目標一步一步靠近！」

我被他一頓充滿大道理的心底話說得愣在當場，低聲下氣，原來也可以這麼大義凜然？

試著把我們自己帶入阿勇的情境吧，你我都是愛面子的人，那何不忍辱負重，把眼前恥辱吞下化為奮起前進的力量，以期有一天能超越老闆，不再受他人的鳥氣？

經典美劇《紙牌屋》的開頭也借黨鞭男主角之口說過：「痛苦分為兩種，一種使你強壯，一種毫無意義。」正如越王勾踐為了復仇能夠做到「臥薪嘗膽」，有目的性的受苦、勝過無目的的享樂。

「那殺不死你的若使你更強壯，就試著享受那殺不死你的痛苦。」

如果只有兩條路，你要當越王勾踐與阿勇，還是當吳王夫差與小傑？

當面臨同事間的爭執時更是如此，會「一言不合就開戰」的，都是最單純（最傻）的，膝反射式的爭執也容易造成「放羊的孩子」效應，久而久之，沒人會再重視用膝蓋說話的人。反觀那些被罵了還懂得用腦袋跟你說謝謝的，這些人才是真正的狠角色，因為他們鍛鍊了遠超他人的「恥力」，笑容的背後不是隱忍就是大度，直等到關鍵時才會出手，一劍封喉。

這兩年另一齣爆紅的美劇《冰與火之歌：權力遊戲》當中的鐵民王子席恩・葛雷喬伊（Theon Greyjoy）、和陸劇《延禧攻略》當中的太監小全子，表面上都是眾人唾棄的孬種，但最終笑著活比較久的，竟還是他們。我自己的名字有個「詮」字，Theon 也正好是父母給我起的英文名，雖然每回想到這兩個慫貨角色都覺得有些丟臉，但兩者人設背後的深刻寓意，卻值得我們每個人好好省思。

忍一時風平浪靜，退一步海闊天空。

恥力應用場景二　不怕牛皮吹破，只怕自己一事無成

大部分人在做事情時都喜歡「悶聲發大財」，先默默地嘗試，若真的做成了再對外說，反正失敗了沒人知道，也免得自找尷尬；但這樣的結果通常也毫不尷尬、毫不意外的是——沒成功。

畢竟沒有外界期待的壓力，也為自己留了很棒的後路與失敗的理由。

然而「愛說大話」的阿勇，卻自己有一套「橡皮筋理論」：「人的惰性恰恰就如橡

皮筋的彈性，如果拉到六十分，最後可能就只達成了五十分；如果一開始緊繃拉到一百二十分，最後或許有機會能達到一百分。」

第一次聽到時，我當下還有些意會不過來，但後來仔細咀嚼、與現實諸多經驗一對照，倒也覺得貼切。

記得米開朗基羅有句名言說到：「最危險的不在於把目標設定得太高卻達不到，而是把目標設得過低而達到了。」

人的極限，常常是隨著放出去的承諾而被擴張，因為人都是愛面子的。與其怕別人看自己笑話，何不利用自己愛面子的心態，試著抛出比原先預計更高一些、更大一些的目標和期待值，讓自己更有動力去拚死完成？最後達成了一百分，雖然離原本的目標還差了二十分，也大大強過百分之百達成、但當初其實只喊到六十分的人。

拚業績是這個道理，其實當「主管職」更是這個道理。沒有人生來就是會做主管帶人的，許多人是先坐上了主管位置，在做中學後才一步步練強了肩膀、撐起這個位子應有的承擔。

所以，當你越早畫餅說服自己，就越早能說服老闆給你更大的權責去嘗試，也越早能學得扎實、做得扎實。

很多人可能讀到這裡不適感會更強，但請切記：我不是教你壞，也不是教你畫虛妄的大餅自欺欺人。若真切瞭解以上故事中蘊含的心法，有能力的人可以在正確的時機，為自己與公司謀更多福利，而非誤入歧途。

恥力應用場景三　不恥下問，才是真正的勇士

阿勇之所以能行走江湖多年而不墜，依靠的就是他的招牌三字訣：

「找人喬。」

無論是工作內推、業務關說，這個方式都讓他比其他競爭者更快拿到機會、無往不利。其實這樣的情況，我自己也是心有戚戚，平日不時會收到職涯諮詢和內部推薦職位的需求，更有趣的是，多數來請教的人都是我不熟、甚至素未謀面的朋友，他們大多沒有來自名校、大企業的背景，但也正因為沒有這些包袱，他們敢於提問、不怕丟臉或失敗。事實證明，這群人的成長最快！

畢竟和有經驗的人交談、學習他的功力是最具效率的捷徑，他們多年的經驗與心法，已經幫你用更系統的方式鋪好了通往相關領域的康莊大道。

反觀身邊最熟悉、麻吉的朋友們，正是最容易礙於面子而保持沈默、或怕麻煩而不

敢請求幫忙的一群。殊不知，我最希望能在兄弟間彼此互助成長。而數據也證實，內推和獵人頭這類依靠關係的介紹，其實佔據大企業招聘錄取的絕大比例。

有關係就是沒關係，你依舊覺得這句話完全不可取嗎？

老話一句，「沒有人不愛面子」，你愛、我愛、川普也愛。**我們不願意開口請求協助，除了怕被拒絕的尷尬、怕展露自己的脆弱，更因為害怕自己欠了別人、無力償還。那麼何不反面思考：利用自己愛面子的心理，欠一點人情，在逆境中逼迫自己強大，成為一個有借有還、敢借能還的人？**

當然，我個人不建議真正「恥力全開」，分寸是需要拿捏的。應聲附和太過，就真的成了太監狗子；太常說大話沒達成，就真的成了騙子；凡事麻煩別人，最後也就真的成了大無賴了。然而，如果你再也受不了「小確幸」、「草莓族」的責難標籤、想要有所突破，不如試試放下面子，一起加點恥力吧！

不怕你輸不起，就怕你沒有輸一次的勇氣啊！

1-6 公司是最渣的情人?!

《末路狂花》是一部九〇年代的女性維權電影，講述兩位被傳統家庭和工作束縛到喘不過氣的女人，一起踏上了突破自我的公路之旅，是一部經典且跨時代的影史佳作。在旅途中，她們遇上的最大挑戰，就是女人的死敵——渣男們。通篇故事講述被各種渣男騙得一愣一愣的兩位女主角，而後是如何堅強反擊、奮不顧身的把自己帶往了犯罪之路，卻也找回了前所未有的自由。

渣男的類別百百種、不一而足，從這部電影中我們可以總結成三大類：

第一種，是不想給承諾，只想跟你上床。

第二種，是溫柔體貼什麼都好，但是拿到你的錢後就拍拍屁股走人。

第三種，有色心無色膽，只是繞著你調戲你、妨礙你。

無論渣男要的是色、是錢，還是青春時光，我們都可以得出一個結論：渣男們其實很清楚他想要什麼，一旦得到了就翻臉不認人，舊情不復存。

聽起來是不是跟「公司」很像呢？

沒錯，不願承諾升職與獎金、不重視你的付出，只想用有限的薪資拿走你最珍貴的資產：才華與時間。「公司」這樣的存在，不正是渣男的法人版本？

我身邊就有兩個和電影女主角一樣身為堅強女性的故事，真實上演和海外渣男公司周旋的實錄。

案例一　甜蜜糖衣的包裝，始亂終棄的結局

做為公司在台灣的第一號員工，Sara從五人擠在十坪大的商務中心時期加入。身為公司進攻海外市場的拓荒者，她帶領這批員工用流利的英語、扎實的行銷能力飛往全球各地，一個接一個成功執行會展活動、廣告與媒體曝光，驚艷了客戶和行業大佬。

4A廣告出身的Sara，光她一個人就飛了十五個國家，和當地的代理商完成各種行銷活動。最讓我印象深刻的，是有一年她還請到了美國前副總統做為演講嘉賓！

不意外的，進公司的第二年她就從專員晉升到了經理。頻繁的出差旅程，也讓她在短時間內就成為航空公司的鑽石卡會員。

四年後，Sara轉調到印度，從業績虧錢又搖搖欲墜的前任總經理手中，接下了公司

在印度整個產品線，帶著七位本地同事絕地反攻，就這樣把自己嫁給了公司。三個月後，她成功實現了營收逆勢成長，將產品從瀕臨放棄的困境下給救了回來，榮登印度的Google Play 排行榜第二名。

然而，那年正是互聯網產業凜冬將至的二〇一八，資金緊縮的風暴開始席捲全球網路產業，正炙手可熱的印度也不能倖免。

為了節省成本，公司將巴西、印度等區域業務一一關停，這時 Sara 開了其他區域想不到更做不到的救命大招：她獨自找來了在地的投資團隊接下本地運營成本，還保證每月貢獻淨利給總部。

這理當讓公司滿意了吧？不，在渣男眼中，年老色衰的正宮已無利用價值，何不找個更年輕的肉體延續狂歡派對？由於本地業務即將交給新投資團隊，公司才剛從資金的泥淖中爬出，轉身毫不猶豫找了更便宜的大學畢業生做基礎維護，狠心解雇了如今對公司來說「薪水太高」的 Sara。

做為將青春奉獻給公司六年的開國元老，至少要適用（N年加一）月起跳的遣散費才算合理吧？不，渣男公司一談到錢是絕不手軟的，從台北轉調至印度的時候，公司雖然與 Sara 重新簽了一份合約，調高了她的薪水加給，但卻埋下了一個最冷酷的殺招：年資重算。過去的什麼革命舊情、開國功勳，都完全不值得留念。

你說公司錯了嗎？倒也不盡然。渣男們只是看得比較清楚，也比較敢做。沒有白紙黑字的合約責任，為什麼我要為妳的青春年華負責？

案例二 拿完錢就閃電分手，窮了還回頭求復合

曾經待過幾間高大上外商的 Christina，在泰國工作時結識了同鄉又同行的老公，後來被對手挖去負責菲律賓市場。入職簽約的時候，人資將福利說的天花亂墜，不但家眷享有每日二十美金的生活補貼，還提供高級的酒店式公寓入住。於是，Christina 索性將老公一起帶來了菲律賓。沒想到工作才第一個月，福利政策大幅調整，公司翻臉不認原本承諾的配偶常駐補貼，並且要求已經入住的配偶搬離公司提供的公寓。

但公司位處馬尼拉的高級地段，僅是十坪小套房的月租都要四萬台幣起跳。Christina 屈指一算，被扣掉的補助和房租加起來，每個月等於淨虧了六萬台幣，這還不包含原先擁有的打掃阿姨，以及高級的自助式 Buffet 早餐。一怒之下，她找上公司行政部門理論，換來的卻是行政大叔在她的酒店式公寓客廳多安裝了一支監視器，以確保她不會「偷渡」老公入住。

Christina也是身經百戰的職場老手，可不會被這點挫折打倒、摸摸鼻子認賠這筆每年近七十萬台幣的損失。她反手帶著團隊衝業績，一路將營收拉高成長了三倍，用自己的業績獎金補回了這個收入缺口。好景不常，一年後Christina懷上了身孕，公司一聽到消息，就勒令她取消外派，回到中國的總部工作。

美其名是保護孕婦，但人資告知的事實卻更殘酷露骨：「我們雙倍的外派薪水，不是讓妳在懷孕期間領的。」至此她對公司徹底失望，渣男中所謂拿到錢就走人的類型，不正活生生的上演？

不過，真正的渣男是沒有極限的，沒有最渣，只有更渣。

上天和公司開了個大玩笑，新上任的CEO發現菲律賓市場業績淨虧損，一刀砍掉百分之八十當地人力、把所有員工遣送回中國領半薪，同時下令要All-in銷售團隊。此時的Christina雖然身懷六甲，卻是唯一懂得當地銷售的中國員工，人資迫不得已回來哀求Christina回菲律賓坐鎮，同時願意幫她付掉所有在菲律賓的高額生產費用……。

這不就是一位渣男老公，拿完妳的辛苦錢跑了，發現妳還有利用價值，恬不知恥的回頭求復合嗎？

或許眼尖的你會問：既然所有非銷售的中國員工都遣送回國了，那位裝監視器的行政大叔怎麼辦？沒錯，雖然娶了菲律賓老婆好不快活，但是第一個被遣返的就是他。

這一次，不是他棒打鴛鴦，而是公司逼他和老婆不能待在同個國家了。為渣男公司做鷹犬，最諷刺的下場莫過於此。

如何識破渣男公司的圈套？

上述喪盡天良的渣男行為，很可能隨時發生在你我身上。有什麼方法能辨識哪些公司具有渣男屬性，並防範於未然呢？

天下烏鴉一般黑，公司面對利益和人情的抉擇時都是自私的，畢竟公司是白紙黑字的「營利」組織，而不是充滿同情的慈善機構。

全球線上影視龍頭 Netflix 在招募說明上面就清楚寫道：

1. 我們不是一家人，別跟我稱兄道弟。
2. 你必須無時無刻不停的工作，不是週一到週五，也不是朝九晚五。
3. 我們不追蹤工時，只追蹤進度。
4. 我們給你全部的自由，你也必須背負全部的責任。
5. 我們付你無與倫比的報酬，不管盈虧都一樣。

6. 報酬是看戰果，不是看年資。

7. 我們只告訴你目標，不會告訴你如何達成。

相較之下，Netflix 至少比起那些口口聲聲說著「公司就是你家」的企業們誠實多了。因此在進去任何一間公司前，除了基本的背景與聲譽調查外，更應該好好請教公司內部資深員工們的真實體驗，千萬不要「外貌協會」，又陷入甜言蜜語的陷阱。

這裡列舉幾個「保護自己」的方法：

✓ 婚前定協議，別顧了面子、失了裡子。

做為勞方，就像是一位嫁入豪門但不被待見的妻子。公司在得到你之前會把你捧上天，一旦你嫁進門之後，就棄如敝屣。

如何能防範這樣的情況發生呢？答案就是那紙婚前協議。

在入職的合約當中，千萬要把夫家承諾用白紙黑字寫的清清楚楚，否則輕者不給你合理的遣散費、隨意取消津貼福利、換國家地區工作等，都是分秒間就能發生的事；更嚴重的是萬一和公司起爭議、有了法律糾紛，連能夠自我保護的武器都沒有。若你認為要在入職前把所有福利、權利和義務都寫清楚很困難，我會告訴你：

如果入職前顧及面子，不去爭取，入職之後要公司兌現它的口頭承諾，那時你才會

知道什麼是真正的困難。

✓ 婚後留紀錄、搞定家族話事人。

進了公司之後，同樣要隨時警惕，尤其和人資的對話都儘量留下 E-mail 或訊息紀錄，絕不能相信單純的口頭承諾。

人資的角色有如豪門家族中的專業管家，也是來打工的，如果你的利益和公司利益有衝突，人資毫不考慮就會倒向公司。同時，由於公司組織歸根究底都是「人」治，朝令夕改是頃刻就會發生的事情，就連你拿著人資承諾的信件，公司也不一定會理會，有時一句「共體時艱」的大帽子丟過來，你都不知道該怎麼摘。所以，搞清楚這個豪門家族中誰才是真正有權力的話事人，和有決策權的上位者打好必要的關係，才是最穩當的求生之道。

✓ 堅拒渣男，還要懂得騎驢找馬。

老實說，拿婚姻比喻和公司的關係簡直是侮辱了神聖的婚姻，因為所有公司都有和你離婚的一天，沒有公司會為你的人生負責。一旦你的利用價值消失，下一秒公司就會將你當成不可燃物般拋棄。

所以我永遠都相信這句話：「**不被別人選擇的選擇，才是真正的選擇。**」

最好的未雨綢繆，就是在你這份工作最順風順水的時候居安思危，開始往外面試。俗話說，在缺乏信任的愛情裡，誰不在意對方，誰就占了上風；**面對隨時翻臉不認人的渣男公司，認真你就輸了！**

最好的策略就是多幫自己預留幾張牌，進可攻、退可守。堅持拒絕渣男的最好方式，就是永遠留有真心的餘地。我們都該隨時警惕自己：「要避免走投無路的窘境，就該好好充實主動權在我的游刃有餘。」

教科書級的悲慘實例：我本人

說實話，這些簡單的道理我們都懂，但當自己情竇初開、當局者迷時，還是容易被渣男給鬼遮眼。

我到印尼的第二年，T社旗下的多款遊戲正在全球過關斬將、殺出長紅的成績，包括紅遍台灣的傳說對決（Arena of Valor）、吃雞遊戲（PUBG Mobile）等等，適逢他們要在印尼找一位遊戲團隊的總經理，因為有和對方合作過的愉快經驗，我幸運地過關斬將，在重重競爭下拿到了 Offer。

這是我從部門負責人跳到總經理的好機會，也是職涯的升級里程碑，但畢竟原公司待我不薄，基於道義，我事先告知了可能離開的動向，老闆當下說之以理，分析市場還不夠穩健、建議我應該再觀望一下，同時更動之以情，以有機會加薪升職為由，試圖阻止我移情別戀。

我當時有諸多考量：一方面不想得罪原公司，二來掐指一算，原公司每年的加薪幅度與整體薪資結構加上股票，報酬還是很令人滿意的。我大可抱著不一定要跳槽的心態，和T社協商把薪水往上抬。

而且同時我還拿到了另一間新興巨頭B社的東南亞商務負責人 Offer，其產品在全球攻占各大榜單，勢頭正旺，唯獨薪水稍稍差強人意。回想那幾週，我完完全全沈醉在眾星拱月的驕傲中，有如得到眾多追求者獻殷勤的青春少女。當大中華區前三大的明星公司都對自己伸出橄欖枝，我感覺自己好像真的可以碰到天，和T社拖拖拉拉談了三個月，喊了三輪薪水之後，我終於滿意的和對方說：可以簽約了。

好巧不巧，二〇一八年正迎來互聯網產業的資本寒冬，T社在當年九月底宣佈整頓全集團架構，縮併原有事業群編制。這是T社六年來難得一見的首次大改組，偏偏就在我下定決心跳槽的那週發生了！緊接著迎來的是一連串長假，本已下定決心要過去的那個位置，就這樣一路擱置……。

那段期間，我幾乎每隔兩、三天就傳訊息給對方的人資追進度，然而對方人資有如NPC般千篇一律回覆：「還在等集團改組」、「下週會有答案」……。

就這樣過了四個月，我也慢慢死了心。

故事的結尾，是過了幾個月後，原公司將重心從印尼轉往印度，我底下的團隊被請走了一半，自己也被逼著搬到印度，不僅沒有順利跳槽，原先勾勒的升職加薪、發展前景也瞬間化為泡沫。

老話一句，**人和公司都是自私的，不是你選擇人，就是人選擇你**。就像《末路狂花》女主角在片尾說的：「Let's keep going.」

少女們，別把自己的真心給了渣男啊！

第二回／

練外功放大招，在職場開外掛

透過「職場鐵三角定律」自我檢測，解析自身盲點和目標捷徑。當你擁有實力，又有一手好人脈，說得一口好故事，機會到了眼前，才能不再傻傻錯過，讓自己被世界看見！

2-1 你是不是努力錯了方向？職場不敗鐵三角定律

「今天我生日！這輪 Tequila Shot on me！」

Terry 臉色微紅、豪氣喊道，一改他平日的木訥低調，同桌的大學老友們瞬間爆出歡呼聲，大家驚喜於 Terry 這兩年的改變：他不再是大學時期那個沈默寡言的邊緣人，不僅從便利商店店員華麗轉身，進到人人稱羨的網路業，還交了穩定的女友、養了一隻可愛的柯基，愛情事業兩得意，前途一片光明。

Terry 看到一桌滿溢的笑容與望向他欽慕的眼神，心情既雀躍又複雜，這是他大學畢業五年來第一次嚐到苦盡甘來的滋味。

深夜的酒吧裡，台上的 Jazz Trio 正演奏著 Bill Evans 的〈*My Foolish Heart*〉，Terry 微醺之際，趁著醉意脫口而出：「今年升遷沒準就是我啦，每天幫老闆加班幹活，這種好員工哪裡找？」

朋友們聽到後更是順勢起哄，「Terry 升官請客！Terry 加薪請客！」「請客！請客！請客！請客！請客！」

一時間，整間酒吧也感染了歡快的氛圍，各桌的男男女女都將眼光投向 Terry，他沈醉在伸手可及的幸福感當中，不知不覺又多喝了好幾杯酒。

當晚女友和老同學們把踉蹌的 Terry 抬上小黃。凌晨四點，他在位於永和的五層樓無電梯小公寓中悠悠轉醒，怎麼回家、怎麼上樓的他已全忘了，只見女友和狗狗安睡在身旁，他再次感到無比扎實的幸福和感恩，接著，他下意識點開手機的訊息提醒，看到小老闆傳來的 LINE，斗大幾個字瞬間把他從酒精的麻醉中打醒：

「我要離職了，兄弟保重。」

隔天連宿醉都嚇到沒了的 Terry 來到公司，各種各樣的消息已經不脛而走，最甚囂塵上的版本居然是「小老闆和董事長夫人有過節被炒掉的」，團隊裡每個同事心裡的算盤雖然打得不一樣響，但大致上苦惱、算計的都是同一件事：「新老闆人好不好？即將要到的年度升官提名怎麼辦？」

團隊裡的人都知道，Terry 的標籤就是苦幹實幹，就像故事裡的刻板人設：「人狠話不多、會做不會說」；而坐他斜對面的 Amy 雖然晚了 Terry 一年入職，卻是公認的 PPT 和口頭報告專家，每次需要在大客戶前 Present 新產品絕對少不了她，兩人都是這次升官的熱門人選。Terry 雖然心裡慌，但嘴上不聲張，也沒心思想太多，他認定無論新老闆是誰，只要每天照樣努力的幹活、以不變應萬變，肯定會被看到，反倒是舊老闆的匆促離去，更讓他惦念和不捨。

但另一邊的Amy可沒閒著，一下跟可能的新老闆人選攀談、一下到各部門套交情蒐集情報，同時著手將團隊過去做的成績整理成清晰的簡報。鬧鬨哄一個多月過去，新老闆人選剛剛確認、升官人選也隨之揭曉：

從一票專員中被拔擢為副理，幫助新老闆重整舊團隊的人，是Amy。

這中間發生了什麼？你懂，團隊成員都懂，只有一個人不懂，是Terry。

面對這個結果，他每天一樣兢兢業業、低調認真的工作，但是心裡卻憤恨不平，抄起了手上履歷開始猛投，就連找工作都保持著拚命三郎的職人精神，把業界知名不知名的數十家公司全投了一輪，結果只有三家發來面試通知，才面談完第一輪就全沒了下文。

Terry終於崩潰了，他找到了團隊裡比較親近的同事小酌，把從生日那晚直到現在的鬱悶和不滿一股腦宣洩出來，這位長他五歲的同事拍拍Terry肩膀，將事實娓娓道來：

「你的優點就是能幹、有實力，但你太專注於做事，忽略了說故事和交朋友的重要性。那個Amy能幫新老闆做報告、搞定更上面的老闆們，又能和其他團隊打好關係，大家都更能看到她的能力，自然升她啊。」

沒等 Terry 反駁，老同事又繼續說下去：「再說，你平常就只知道做事，不懂得把做的事呈現出來，**連面對新老闆都講不清楚自己對公司的貢獻和價值是啥，更別說只有不到三十分鐘能認識你的面試官了**。你不是新大陸，老闆和面試官也不是哥倫布！」

職場成功關鍵：鐵三角定律

實力（Ability）、人脈（Connection）與說故事（Story Telling）作為職場成功的鐵三角因素，不但缺一不可、更不能偏廢。有趣的是，如果讓人們回答：邁向成功最關鍵的因素是哪一者？

「努力至上」、「實力才是硬道理」是我身邊大多數勤懇台灣朋友常見的想法。

沒錯，實力是基礎，但是就如 Terry 血淋淋的遭遇，職場人生最常見的盲點就是只在乎練實力、卻不懂得擴張人脈。當你的實力只有直屬主管能看到、理解時，如果他不給你機會，就等於沒人知道你的實力，若你又缺乏說故事的能力，出去面試時當然也無法突顯自己的優勢，「空有一身實力但懷才不遇」也只是剛好而已。

聽到這裡，你也許會改口說「人脈才是關鍵」，但現實往往比小說更離奇，且讓我說說另一個極端但真實發生的例子。

和 Terry 同團隊的小趙是個交友廣闊的社交咖，在各行各業的酒會、活動講座上，總能見到他周旋在會場中央，似乎總有用不完的精力。他的社交力之高，讓台北的夜晚流傳著這樣一個傳說：「台北的夜晚只有兩種人：認識小趙的人，跟即將認識小趙的人！」

每每見到他熱力四射的肢體語言、聽到他惹得妹子們笑到花枝亂顫的幽默言談，你也會不知不覺的被小趙感染而放鬆了起來。台灣的產業圈子就是這麼小，基本上人人都認識他，這讓他在社交媒體上獲得極高的好友人數和貼文按讚數，儼然就是產業新生代的閃耀新星。

但形象完美的小趙有個不容易察覺的缺點，就是稍微虎頭蛇尾了些。他極高的感染力總能讓客戶在合作初期充滿了信心，但做著做著，他整個人往往就半途飄走，去做其他更有趣的事，舊的任務則順手交給 Terry 接手，一臉茫然的 Terry 只能勉強幫小趙收尾，也因此客戶總覺得小趙有著辦事不太到位、無法善始善終的問題。

俗話說好事不出門，壞事傳千里，平常大家在 Party 的場合不會多嘴點破，但私底下與小趙合作不靠譜的事迅速傳開。小趙廣袤的人脈此時竟成了自身最大的破口，因為人的本性就是愛在背後碎嘴別人，小趙的故事成了大家茶餘飯後共通的話題，這也造成了讓他在轉換工作時處處碰壁的副作用，他曾經最大的優勢——人脈，如今反而成了葬送前途的劣勢。

既然關鍵不是實力也不在於人脈，那總該是「說故事」了吧？

下篇我會用整整一個章節來訴說 Elly 的故事，她正是一位大家公認的說故事高手。她的實作能力不強，但總是能把整個公司的成績講成自己的，面試時靠著顏值和舌燦蓮花，總能把老闆唬得一愣一愣，雖然往往在入職半年內就被識破實際的斤兩，然而靠著精美的故事包裝，她總能迅速找到下一間更好的公司，負評傳播的速度竟快不過她跳槽的速度。她的職涯基本上就是不斷重複著這套黃金公式：「用好故事進好的公司↓做得不好被趕走，但拿到新故事可講↓進下一間更好的公司。」隨著此邏輯循環，步步高昇。

以上三個故事的結局，分別告訴我們三個道理：

1. 只有實力，容易懷才不遇。
2. 空有人脈，只會壞事傳千里。
3. 講得一嘴好故事可以平步青雲，但做不長久。

在我看來，最好的組合就是「實力與故事並進」，累積實力的同時，把手上的能力和成果歸納成好故事，把你曾扎實完成過的事情用最吸引人的方式講出來。

人脈的部分怎麼辦？就透過加入 XChange 來解決！在這裡，你能找到職涯上的導師、走得稍微前面一點的職場學長姐、以及同在新手階段一起奮鬥的戰友，既能共同累積實力又能交朋友，實在一舉兩得！（工商時間結束）

讓我們正面一點，來總結職場未必完勝卻絕對「不敗」的鐵三角：

有一手好人脈，讓你得到更多面試及說故事的機會；

說的一口好故事，能說服更好的公司及職位錄用你；

紮的一馬步好實力，能讓你在一家公司待得久而穩。

別繼續在職涯旅程中迷失了，你汗水需要流對方向！一起聰明的努力，讓自己的實力被全世界看見吧！

2-2 換個 Title 換人生！教你偷吃步大全

進入職場不到十年時間，因為工作歷程相對幸運且順利，不時會有學弟妹與我討論他們的職涯規劃。過程中我發現，或許因為從小被教育「別眼高手低、別想一步登天」，他們最常提到的計畫往往是：「我想做企業內部行銷，所以應該先去代理商學社群操作，再給客戶挖角。」「我想出國工作，但覺得自己英文不夠好，等我練好了再跟學長請教。」「我的夢想是進 Facebook、Google、LINE，但我才剛加入這間公司一年，想等三年後基礎穩了再去投履歷……」

聽完這些善良、勤懇的職涯規劃，我們暫且賣個關子，先來聽故事吧。

年過三十門外漢，一躍成為互聯網金童

在我剛應徵上S社儲備幹部的菜鳥歲月中，曾因輪調部門而必須到資訊展現場觀

摩。記得當年台北 Computex 作為國際間的重要展會，摩肩擦踵之中，最引人注目還是攤位上的 Show Girl 們，其中 Elly 正是最耀眼的那位，明亮的大眼配上姣好的身材，全場的單眼大炮都有如衛星一般繞著她轉。

但我慢慢注意到一件奇怪的事：每天展場要結束熄燈時，Elly 不但都還在，甚至幫著工讀生一起收器材。不是都說 Show Girl 光鮮亮麗、受萬人追捧嗎？為何她卻願意主動彎腰做份外的工作？和我搭檔的銷售大哥 Sean 看出我的疑惑，偷偷道出真相：「Elly 非常有想法，沒事就來和原廠的業務請教產品知識，還很直爽的說自己年紀不小了，不想一輩子做展場模特，希望有機會來 IT 產業發展。」

離開 S 社後的我早已淡忘這陳年往事，卻在幾年前和老同事聚餐時，有人提起 Sean 愛追 Show Girl 的事，我才想起當年有這麼一位敬業的 Elly 姐姐，起鬨追問 Sean 當年究竟有沒有追到佳人？Sean 平時最擅長用無害的娃娃臉配上三寸不爛之舌哄騙女孩，但談到 Elly 時，他卻拉下臉來嚴肅的說：「兄弟們，Elly 的故事實在太勵志了，不講不行！」

沒料到他會是這個反應的我們，對故事頓時更加感興趣，只見 Sean 把手上的 Oreo 奶昔一飲而盡，緩緩說道：「Elly 當年說要轉換跑道不是講假的，她知道自己年過三十，要入行 IT 網路業時機已晚，但因為她一直相當敬業，一位網路廣告公司老闆願意給她機會從銷售學起，見過世面又肯吃苦的她很快就為公司帶來第一筆生意。一陣子後，因為公司有前往泰國發展的需求，她就毛遂自薦當泰國市場的業務代表，帶著兩名工讀生一起做陌生開發，並趁機掛上泰國分公司 GM（總經理）的頭銜，拿著名片回家時，連父母都不相信女兒怎麼短短時間內就從 Show Girl 變成了分公司總經理！」

聽到這裡，Sean 隔壁的老同事忍不住虧了一句：「你看看人家名片都印了 GM，你還是什麼破副理。」

Sean 沒有理他，繼續往下講述，「雖然 Elly 很努力，但畢竟還是新手一枚，在沒人脈、沒預算的狀況下，最終還是沒達到公司要求的 KPI，整個計畫連同工讀生被裁撤。如果是一般人，可能就哭著飛回家找媽媽了，但 Elly 不一樣，她不但不氣餒，反而在她得知一間歐洲新創公司打算往亞洲發展、正在徵求拓荒者時，立刻抓住機會，把自己包裝為深耕台灣市場、具有東南亞經驗的 GM，居然奇蹟似的得到職缺！雖然這間公司只給了短期約聘合約，但她不以為意，簽了字就馬上拎著行李上飛機，到歐洲開始入職培訓。」

聽到這裡，我除了深感這位 Elly 的不簡單，卻也隱約猜到了後面的故事。經驗不足卻敢拚敢衝的 Elly，再次受到幸運女神的眷顧。原來，赫赫有名的互聯網巨頭 B 社看到了 Elly 在 LinkedIn 上在台灣、泰國與歐洲的經歷，正好符合公司的人才需求，於是 HR 一通電話過去，Elly二話不說果斷放棄進行中的新訓、從歐洲飛往香港面試。

帶著歐洲新創的光環和產業知識，輔以泰國和台灣市場的拚搏故事，Elly一舉奪下夢幻公司的正職職缺，在短短三年的互聯網生涯中，她從大齡門外漢的起跑點，一個跨步超越其他資深前輩，成為炙手可熱的明日之星。

故事結束，也許你感覺到一種誇大不實、甚至過河拆橋的負面觀感，但換個角度思考，**自由市場上的利潤差異空間之所以存在，最大的原因就是來自於「資訊不平等」，而人才市場上的晉升空間也是一樣**：正因為Elly放大了資訊的不對等，才讓她順利避開中途轉職的不利阻礙，甚至在職涯賽道上演出令所有人瞠目結舌的大甩尾，一舉超車同業前輩。

我們不一定認可她的行為，但透過觀察她使用了哪些方法，依然可以作為你我備而不用的技巧，當幸運女神降臨之時，我們將不再傻傻錯過（相對地，當有一天擔任面試官遇到「Elly們」，你也將懂得如何識破這些招數）。

以下，就來盤點五個讓Elly身價成功翻倍的轉職觀念：

✓ 職稱溢價

職稱一向是公司玻璃帷幕內劃分階級的鴻溝，是許多人勤懇工作、殷殷期盼的目標，更是大企業內鳳毛麟角的珍稀資源，如何像投資股票一樣買低賣高，女主角 Elly 做了很好的示範：

先爭取海外拓點的機會，再運用業務人員需要較高職稱的性質，獲得了 GM 的名片稱謂，實則內部職級仍是專員。儘管如此，她卻在求職時放大利用了名片上的職級，就算談不到 GM 的職位，薪水也會有一定層級，這就是標準的買低賣高實例。

但若你不是對外業務人員，也沒有海外拓點機會，可以藉由參加行業活動代表公司上台分享——關鍵在於，為了上台好看，通常能冠以一個煞有其事的職稱出現，比如 XX 項目負責人、〇〇區域代表，從而建立產業內對你職稱與實力的認知，未來面試時也能拉高基準線。

如果你覺得上述舉例都無法套用，還有一個偷吃步的壓箱密技：相較於通常五年才能升經理的台灣公司，對岸許多公司從最初階的職稱就有機會可以掛到經理，過去奮鬥個兩年再回台灣應聘，直接贏過同期朋友三年以上的光陰，這就是很多人在做，但大家不敢說的 Ugly Truth！

✓ 跨國市場的故事斷層

「故事力」是大家講到麻木的職場技能，最差的情況是像 Terry 一樣明明成績斐然、卻好像什麼都沒做；最厲害的就是像女主角 Elly，將失敗包裝成新市場的從零到一奮鬥史，把帶工讀生撥電話說成跨國 GM，身價瞬間三級跳。

市面上已有許多書籍教大家如何系統化的寫故事，這裡就不班門弄斧，另外再分享一個 Ugly Truth，就是跨國市場對於資歷查核（Reference Check）存在著極大斷層。其實光是在國內，公司與公司之間的資歷查核往往就已不夠踏實，跨國企業在這方面更是難以有效的執行資歷查核，就像故事中的歐洲新創公司無法知道 Elly 是真正的 GM，還是只是個帶工讀生的小專員一樣。

我曾遇過一位毫無生產力又人際關係極差的同事，後期被冷凍到無事可做、甚至沒出現在公司打卡也未被眾人察覺，直到有同事發現他跑到了 B 社工作才趕緊處理解約。至於他是怎麼轉進 B 社的？不看還好，打開 LinkedIn 一搜尋，發現他杜撰的專案經驗絢爛奪目，不但幫助公司度過各種危機、精算數據節省大筆成本，還發現市場藍海機會，儼然一副不世出的商業奇才、公司救世主的樣貌，大家驚嚇之餘，更訝異的是互聯網巨頭如 B 社，竟然連一點基本的資歷查核都沒做。

別以為這是特例，不少人在跨國轉職時敢於把自己原本的薪水虛報兩倍，輕鬆以該市場的高薪水平入職，這都是跨國求職資訊斷層過大所造成的現象。

✓ 蹲多久才能跳起來？

在老一輩的價值觀裡，沒待滿三年都是躁進，常言道：「第一年上手、第二年摸到精髓、第三年發揮價值」，我雖然基本認同，但在互聯網時代的快速變化下，有時候半年一個新產品就會改變整個產業生態。如果Google、阿里巴巴看見你的價值與實力祭出千萬年薪挖角，有多少人還會執著於未滿三年的老生常談呢？

正如故事中的Elly直接放棄歐洲新訓毅然轉職，成功拿到令人稱羡的新工作，代表「三年才能轉職」在今天瞬息萬變的市場可能已經是個偽命題，怎麼說呢？傳統產業的HR確實多傾向不錄取年資積累不夠久的員工，是擔心對方穩定性不夠。但若已經有更好的公司職位搶著要你，代表這些公司的HR並不在意年資的問題，若還傻傻執著於舊觀念、放棄眼前的新機會，豈不是個荒唐的邏輯謬誤嗎？

✓ 公司品牌也能買低賣高

故事中，Elly先以較低的門檻加入了在亞洲還未落腳的歐洲新創，爾後B社的HR因為十分認可此間新創公司而間接注意到Elly，造就了麻雀變鳳凰的故事。由此可見公司於不同市場的地位，直接影響了進入的難易度，從而創造買低賣高的空間。

舉例而言，某間曾在PC年代壟斷全球的電腦巨頭，進入智慧型手機時代卻迅速沒落，我的幾位學弟就曾以較低門檻進入這間巨頭的台灣分公司，實習轉正後轉戰對岸互聯網圈；沒想到業內一直有崇尚外商的情節，外加這間企業近年大力轉型、股價狂飆，學弟霎時間就成為炙手可熱的新人。

以我自身舉個反例，曾經有幸參與過L社在台灣的綠色風暴，在圈子中應該算是能被認可的一段戰績；但由於L社的用戶基礎主要分佈在台灣、日本、泰國、印尼等地，導致後續我轉職面試其他海外公司時曾被不少HR問道：「L社是賣公仔的對吧？現在還有人用嗎？」

……買高賣低，莫過於此。

✓ 約聘不是問題

還記得故事中的最後一個小亮點嗎？Elly在歐洲新創起初只是約聘，為何能一躍到巨頭企業做正職？除了她沒主動告知對方自己是約聘人員，呼應了上述第二點提到的跨國資歷查核斷層外，許多跨國公司實際上也並不真的在乎你前份工作是否為正式員工，因為約聘人員在他們的跨國分部中是相當常見的。

工讀和實習也是同個道理，例如幾間知名外商行銷公司實習門檻極高，然而平時的記者會其實也會尋找工讀生，門檻卻低得多。但無論實習還是工讀，履歷上都是寫著公司的名字，許多公司無法分辨當中差別，這些拿了工讀時薪的學生反而成了最大贏家。因此請大家認清現實，別再糾結自己是外包還是正職了，若你以外包身分進了大公司，就努力打拚、著眼於怎麼轉進下一間拿正職吧！

以上種種從人生故事中萃取的訣竅，並不是要教你壞，而是看懂世界運轉的規則。再次呼應前言所說，若職涯是一場遊戲，這些撇步就是遊戲中的大絕招和密技，有必要學懂但備而不用，不要轉眼被人甩開了幾條街的差距，卻不知道發生了何事，還傻傻彎著腰叫他們大神。

商場裡沒有神，只有看不懂遊戲規則的韭菜玩家。

2-3 三的三次方歸納，讓主導面試的不再是面試官！

「不好意思我來面試，請問怎麼換證上樓？」

風和日麗的午後，Adam 身著深色牛仔褲搭上西裝外套，一身 Smart Casual 的風格，邁步踏進眼前高科技感十足的辦公室。他彬彬有禮的詢問著前台。

前台頭也不抬，隨手指向大門右側的發證機器，Adam 充分感受到這間高大上的網路公司，不但設備如此先進，竟連前台也這麼傲。順利上樓後，他按著人資助理的指示在會議室裡正襟危坐，心裡默默背誦著中英文的自我介紹……。

三十分鐘後，門終於被推開，Adam 誠懇的站起身和面試官握手，手上還刻意施了點力氣，讓面試官感受到自己的堅定，一切都像是事前預想的那樣按部就班。

「說說你自己吧。」面試官問道。

「面試官您好，我是 Adam，我在英國念完 MBA 後，第一份工作在台灣最大的公關公司奧美擔任公關專員，協助科技線客戶每日競品新聞蒐集，鍛鍊了扎實的新聞稿撰寫能力。第二年晉升為公關資深專員，負責公關議題的策劃，舉辦一系列上市記者會，累積了深厚的媒體人脈，甚至在S社發生寫手門事件那一年，危機處理讓客戶在短時間內止血。」

看到面試官點著頭，Adam 充滿自信的繼續說下去。

「因為能力和表現不錯，第三年轉做 in house 行銷，負責客戶端的公共關係。當中接觸三百六十度度的整合營銷，包括線上的社群經營、廣告投放、網紅業配置入，及線下新機上市發佈、地推活動等，有四年扎實的公關行銷經驗。」

面試官微笑問道：「你可以多說一點在奧美的經歷嗎？有沒有什麼亮點和我們分享？」

Adam 心想：「太好了，面試官對我的經歷似乎非常感興趣，苦練的自我介紹終於派上用場了。」

殊不知，此時面試官心中的潛台詞剛好相反：「剛剛這五分鐘都浪費了，這位小朋友照本宣科的念完了履歷，完全聽不到他和其他候選人的差別，也沒有半點量化的成績，這題如果他再說不出亮點或數字，我覺得就差不多了。」

一個簡單的自我介紹，為何坐在桌子兩端的人感受差距這麼多？

從談吐、禮貌、自信和經歷的完整性來看，Adam 都是上上之選。但是從面試官的角度來看，這個職位有一百多位行銷背景的應聘者，不但在學歷上清一色是留學碩士；資歷上也普遍由廣告代理商而後轉客戶端行銷；個個說話有條理、中英文流利；每一個人都說自己會寫公關稿、會辦活動和操作社群，每一個人也都說自己有著扎實經驗，但是幾乎很少有人能提出具體量化的成果或亮點，什麼Adam、Amy、Apple……，沒一個能讓人快速分辨出他們的差別和強弱。

「我還有做不完的工作，拜託別浪費我寶貴的時間。」他們的心裡可能是這樣想的。

其實在職場上，許多人的老闆總是顯得一副不耐煩的表情，聽你說不到三句話就打斷你，好一點的可能會說「你想清楚再來說吧。」言下之意其實是我很忙。口氣差一點的，可能直言：「請你講重點好嗎？前後邏輯不通，你的老師沒教過你怎麼說話嗎？」

在我看來，除了後者有情緒管理問題之外，**面試官和老闆的訴求其實都是一樣的：「我想在三句內聽到數字和結論」，如果論述邏輯比較複雜，至少要讓我知道你說到哪一步。**

超實用的「三的三次方歸納法」

這時候，除了顧問公司喜歡說的「MECE原則*」之外，我想趁機分享一個看似簡單，但是面試、彙報絕對實用的「三的三次方歸納法」。

✓第一層「三」：

根據記憶研究的儲存理論，人的短期記憶容量其實是有限的，也就是說，我們偶爾會「金魚腦」，忘掉剛剛或之前發生的事。所以無論一次要講多少事情，盡量濃縮成「三點以內」。如果你想說的超過三個點，那就挑出最重要的三點，其他後面再帶到。

以面試為例，試著把你豐富多彩的職場經歷提煉出三個最引以為傲的能力或是特質，有時候，這些能力不一定是面試官最在乎的，所以更重要的應該是，想像自己是坐在對面的用人主管，公司在這個職缺上最需要、最看重的是哪三個能力？

的確，自己身上的三個天生神力和對方要的可能不盡相同，所以請試著把這些點包裝成自己已經具備對方需要的能力。比如對方需要新聞稿撰寫能力，你就可以把之前的

---

*MECE原則：即所謂「不重不漏」，是把一些事物分成互斥的類別，並且不遺漏其中任何一個的分類方法。

文案經驗或自媒體寫作經驗包裝成這個方向。如果你真的缺乏很多對方需求的能力，那麼也請誠實面對自己，花時間與心力去鍛鍊，至少透過簡單的三點比對，你會更清楚自己的能力是否匹配對方需求，以及哪裡還需要補強。

✓第二層「三」：

能被「量化」是關鍵。能力並不是空口無憑就能被買單的，否則就像前段面試官心裡的OS，Adam一句「我有扎實的社群經營經驗」，其實等於什麼都沒說。所以，**我們需要將過去的所作所為量化成數字和成效**。比如你可以這樣說：我在三個月內，讓品牌專頁的粉絲數從一萬五千人自然增長到十二萬人，有近十倍的成長，躍升為同行業裡的第三名。這就是一個很清楚的絕對與相對數字比較了。

撰寫面試稿時，請試著在你的每個能力之下列出三個能被清楚量化的事跡。否則光憑單一事件，很難真實驗證你具備該項能力，對方可能會認為只是運氣和環境使然。

另外，盡量用「動詞」開頭，無論在書寫的履歷上或是口頭上，盡量採取主動和居於主導地位的描述，比如「主導粉絲專頁的年度規劃，在三個月內達成近十倍增長，躍居行業粉絲數前三」，否則若謙虛的說自己「參與」或「協助」，面試官完全有理由認為你不是關鍵角色，只是搭了別人的順風車。

✓ **第三層「三」：**

針對每一個量化的事跡成就，請用邏輯清晰的「兩到三個步驟」，表達你是如何做到這個成績，如果面試官真的有興趣，必須要讓他清楚知道你的思路和故事，切記「最多三個」故事點，面試官也是人，記不起這麼多的細節。

這裡推薦一個值得套用、阿里巴巴晉升考核時常用的「STAR 邏輯」：Situation（情境）、Task（任務）、Action（行動）、Result（結果）。把 Situation 和 Task 濃縮成第一點，簡單描述自己當時面對的問題；在第二點的 Action 當中，盡量表達有你和沒有你的差別、自己不同於別人的思考策略、自己優於他人的領導和執行力；最後在第三點的 Result 時，清楚闡述「可量化」的成績，以及如何解決了前述的困境。

至此，我們有了像樹狀圖一樣的三個能力點，延伸出九個量化的成就，再延伸出二十七個具體的步驟，這就是你過去幾年職場生涯的精髓（參考下頁圖）。

▼ 三的三次方歸納法範例

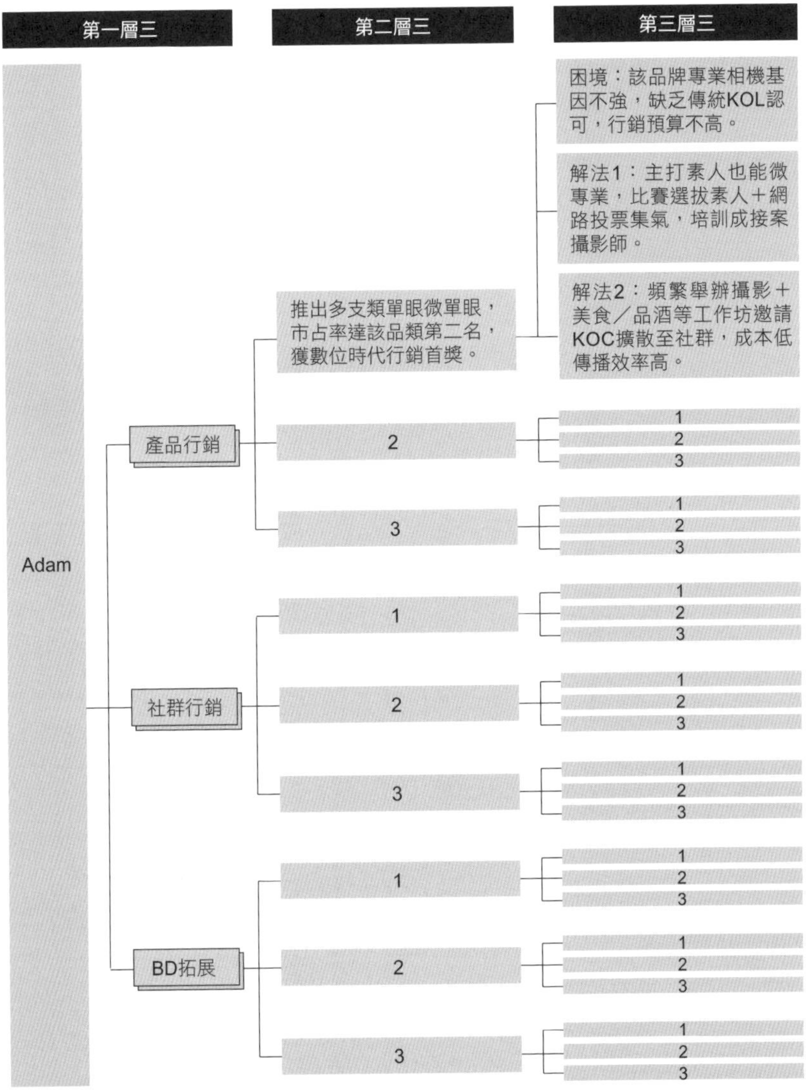
第一層三
第二層三
第三層三
Adam
產品行銷
社群行銷
BD拓展
推出多支類單眼微單眼，市占率達該品類第二名，獲數位時代行銷首獎。
困境：該品牌專業相機基因不強，缺乏傳統KOL認可，行銷預算不高。
解法1：主打素人也能微專業，比賽選拔素人＋網路投票集氣，培訓成接案攝影師。
解法2：頻繁舉辦攝影＋美食／品酒等工作坊邀請KOC擴散至社群，成本低傳播效率高。
2
3
1
2
3
1
2
3
1
2
3

在寫履歷時也能套用這招，只需要按照對象公司的三個能力點，把第二層的九個成就填進去。在面試時的自我介紹，更可以突破傳統背履歷的流水帳，把三個能力點作為開頭，接著用九句話輕鬆說出量化的成就，一篇簡短又有力的自我介紹就此完成！

如此面試官心裡的OS肯定是「這位年輕人很貼心呀，不但把我最在乎的三項能力妥當地說清楚了，還附上數據證明。」，而後當面試官問到過去經歷，也逃不出你已經布好的八卦陣。恭喜你，你已經取代面試官，成為主導面試的那一方。

決定是否錄取的不是面試本身，而是事前的積累與準備。將成敗留給面試官決定的人，豈不是注定未戰先敗了嗎？

2-4 別用斜槓找藉口！勇敢 Jump 出最好的自己

大四從 Google 校園計畫畢業後，我以儲備幹部的身分進到S社。第一年在相機部門，第二年加入手機部門協助兩支旗艦機種的行銷。看到這裡你可能會說，不要騙人吧，S社哪有出相機？就是有，真的有，只是後來收掉罷了。

當時的S社，正想推出一支接近單眼、但沒有反光鏡的「微單眼」相機，面對老牌 Canon、Nikon 的地位高不可攀，Sony 則挾著技術和多年口碑成為市場新寵，我們若要以規格、技術、或知名度推出，看起來贏面都不大。經過一陣苦思，我們決定以「微」作為行銷定位，切入消費者的心。

什麼是「微」？

「微」有很多涵義相近的名詞，速食主義、Semi-Pro、偽、略懂……，在這個資訊爆炸的時代，什麼東西要上手似乎都不困難，想畫出一幅煞有其事的水彩畫？沒問題，有一大票「兩小時教你臨摹大師畫作」的課程，上課還附紅酒暢飲，作品放上IG保證讓你破百讚，留言都是「好有才華哦」、「教我拜託」。

烹飪、品酒、瑜伽……各種讓你看起來「微厲害」、「微專業」的課程一應俱全，我並不認為這樣不好，這些課程或方法幫助我們降低了接觸新事物的門檻，是全民的福音。但是當輕鬆上手之後，願意堅持下去的人少之又少，多數三分鐘熱度，往往照片一發完IG，就放下手中畫筆去喝下午茶了。

天天練畫那麼累，畫得再好朋友們也看不出差別，何必呢？

就是看準這種「微厲害」、「微專業」的現象，當時S社期望塑造：擁有這台相機，就能讓你成為微專業的攝影師。不如專業的單眼般厚重、複雜、困難，你可以毫不費力的成為（看起來）煞有其事的專業攝影師。

從這個洞察出發，我們主辦了幫助素人速成微專業的攝影大賽，篩選出具有社群影響力、有攝影潛力的素人們，帶他們出外景，拍美食、衝浪、放天燈、騎重機、火車進站等一系列美景瞬間。透過幾輪的網路投票和擴散，當中的幾位同學從素人蛻變成半專業的商業攝影師，而我的行銷策劃也拿下《數位時代》雜誌當年的行銷首獎。

別為半途而廢、一事無成找理由

其實「微」也不是什麼新概念，老一輩的人叫它不求甚解、或半途而廢，這兩年卻多了個Fancy的名字——「斜槓」。你會不時在朋友Facebook上看到「我是一位斜槓青年，我是電影成癮者／背包客／跑者／吃貨／咖啡成癮者／書蟲／貓奴」，乍看下覺得挺厲害的。

但仔細想想，這不就是多數人的共同興趣嗎？

想起一個大學時的麻吉，他能言善道，很有慧根，做什麼都可以輕鬆上手。畢業後，在職涯上碰到了一些瓶頸，就轉身開始往「斜槓」發展了。自我介紹時總要說上一長串：健身魔人／3C達人／手沖咖啡研究者／業餘攝影師。但是健身三年了，他的身材還是消瘦的像一隻瘦皮猴，做部落客、搞攝影、撰寫3C評測，往往也不到半年就收場。倒是咖啡泡得還滿香的。

渾渾噩噩了幾年，最近在同學會上見了面，問他這些副業做得如何，他倔強地說：「我是斜槓青年！你們只會工作的人不懂！」話雖如此，他心虛的神情卻全寫在臉上。

奧美廣告首席創意總監龔大中有個關於斜槓的說法，我相當認同：「斜槓很好，找

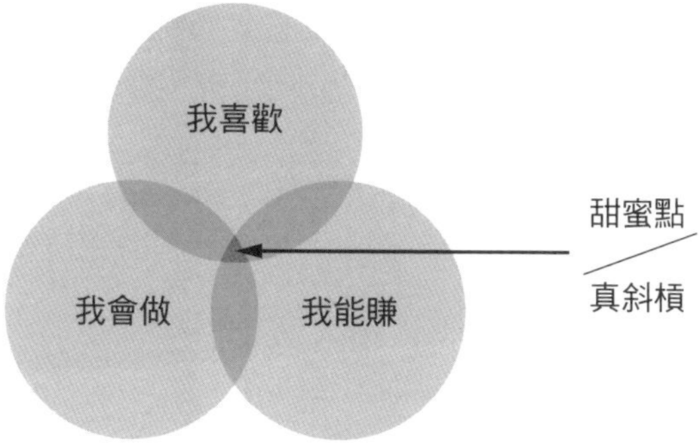

▲ 黃金三圓圈

到你熱愛的事物很好，但你如果認真做到能賺錢，那才是真正的斜槓。」

這個想法很接近選擇工作的「黃金三圓圈理論」，怎麼在「我喜歡的」、「我擅長的」、和「社會認可的（有人願意付你錢的）」三者之間找到共同點。

我自己的想法是，賺錢倒不是絕對目的，但必須誠實自問：「是否能真的為自己想要的斜槓人生負責？」最怕的不是一事無成本身，而是為自己的半途而廢、一事無成找藉口，最後卻只是用 Fancy 的「斜槓」掩蓋自己的不自信。

再說的精確點：我非常認同斜槓的原意精神、去探索人生的未知新事物與培養廣泛的興趣，但我不能認同甚至厭惡的，是拿「斜槓」做你蜻蜓點水、半途而廢的藉口。

我相信暢銷書《斜槓青年》作者在撰寫這本書時的初衷，是希望大家面對自己的熱情，不被主流的工作形式束縛住了想像，而非要你拿這些玩票的興趣，做為不求甚解、一事無成的後路和理由。

善用 Jump 心法逼自己一把，放大你的斜槓

「When you got nothing, you got nothing to lose.」搖滾詩人 Bob Dylan 這樣唱著。**相較於找後路，攻克瓶頸的心法就是「Jump」。Jump 的意思是，跳上去是你的，沒跳上去最多回到原地。簡言之，拚一把，「nothing to lose」。**

人生就像一張廣大地圖的破關遊戲，每當碰到困難的關卡，遊戲畫面會跳出兩個選擇框：要戰，還是要逃？

試想當你練習跑馬拉松進入撞牆期（Hitting the Wall），在舉步維艱、萬念俱灰的時候，要選擇放棄回家，做一個玩玩就好的「跑步愛好者」，還是咬牙撐過的跑完全程，從此有底氣地自稱為專業跑者？當你在公司升遷碰到天花板時，是繼續抱怨公司不給年輕人機會，還是你敢拚一把，認真的向外投遞履歷，自己闖出另一條康莊大道呢？

分享一個我自己的故事。二〇一六年一個颯颯的秋日裡，我造訪了香水之都，為的不是聞香，而是身懷公司任務而來——「DMEXCO」。

DMEXCO是Ad Tech界的年度盛會，在景色如畫，同時也是古龍水的濫觴之地——德國科隆舉行。每年聚集了上萬來自歐美數位廣告、App開發者界的領頭羊業者與會。在一整天不間斷的會議後，我走進由歐美第一名行銷科技（MarTech）大廠舉辦的夜間派對。

隨著音樂起伏，一群群高過我一個頭、膚色齊白的歐洲人，盡興的拿著馬丁尼杯觥交錯，只有我隻身一人手持Whisky Highball，舉目不見熟識的朋友，在吧檯的角落顯得落寞又不合群。

這時，遊戲關卡給了兩個選擇：

A：默默喝完手上的飲料，回家睡覺，儲備明日一整天會議的精力。

B：放手一搏，闖進那一群群看似難以親近的小圈圈。

那天晚上的結局是，我一口乾掉手上的酒，厚著臉皮搭訕隔壁桌的西裝男團體，不意外，就是在白眼下尷尬的交換完名片，結束這一回合。但是經過我再接再厲的衝刺、突圍，居然認識了另一群善良又好客的朋友，拿到當晚全城人人搶著要的Rock Star Party VIP門票，聽到了百大DJ和九〇年代天團的現場演唱，更幸運撞見幾個月死攻不下的商務夥伴……，幾杯 Jägerbomb 之後，我和排名全球前十的 App 大廠達成合作協議。

當你面對工作上的瓶頸、或是你斜槓興趣的放棄點，是什麼阻擋了你將玩票昇華為熱愛呢？很多時候，我們面對目標有所遲疑，怕付出努力之後還是做不好、怕失敗後遭遇人們的訕笑，但若是因此而限縮了自己，錯失了「Jump」之後的成功，抑或是挫敗後的學習，那才是真正徹底的失敗。

如同美國前總統羅斯福所說：「我們唯一需要恐懼的，是恐懼本身（The only thing we have to fear is fear itself）。」

談了這麼多，不知道大家有沒有發現，**「Jump」和「斜槓」其實可以一同服用，效果更佳。以 Jump 為心法，搭配斜槓的操作模式，初期全力去探索你的每一個興趣，同時設定一個摸索的期限，在找到真正熱愛的興趣後，專注拚一把。**

最終，你會收斂出兩到三個既熱愛又有成就感的項目，成為能垂直紮根、又能水平開展的「T型人才」，屆時會發現，許多東西練到了上乘的境界，當中的秘訣是能與諸多臨近領域相通的，你的斜槓人生將更輕鬆、也更有底氣。

用斜槓拓寬視野，用 Jump 擴張自己的野心和高度，一起活出真正不一樣又有底氣的精彩吧！

2-5 懷才不遇？換腦袋才動得了屁股

近年來，台灣吹起一陣「數位行銷學習風」，隨處可見SEO、GA（Google Analytics）、Facebook廣告投放、社群文案的課程，通通要價不菲卻又場場爆滿。我個人體驗了幾堂課後，覺得的確實用且淺顯易懂，但放眼望去座無虛席，又不禁好奇，真的有這麼多人需要這些數位行銷技能嗎？

我將心中的疑問向友人G祖露，他本人就是一位Facebook廣告名師，已在講師界縱橫三年有餘，同時也任職於某知名電商品牌。

「是啊，很多人就是想多學一門技能，不只年輕人，這兩年也有中年轉職的朋友來聽，甚至還有醫生、會計師來學第二專長的。再跟你說一個有趣的觀察，有些年輕人幾乎是專職學生，每期課程必來，圈內講師們的課，都時常見到他們的身影，真的很好學！」

職級上不去很尷尬，更尷尬的是不知道原因

我們兩人漫無邊際的聊著業內的趨勢和八卦，隨著話題的深入，他也聊到個人最近的煩惱。

「老弟啊，我們認識也有四年了，當講師之前，我就在這間老牌電商做廣告投放，如今在講師界混得也算有點名堂，好多學生都進了代理商做投放，我老闆也不是不知道我的能耐，現在公司投放的ROAS（廣告投資報酬率）都是靠我優化提升的。但你看看，我在這個位置上多久了，去年才勉強給我一個狗屁副理頭銜，薪水加了五千塊，你說這合理嗎？」他指間的萬寶路菸，啪啪地燃著空氣，語調隨著他的不滿，一同升溫。

對於他的問題，我也沒有合適的答案，低頭思索一陣後，我猝不及防的問道：「你知道公司為什麼要做廣告投放嗎？或者這麼問，你覺得投放優化對你們現階段業務的意義是什麼？」

友人G先是一臉錯愕的看著我，隨後眼神向左上方飄移，想快速找出好的回答。我感受出他的尷尬和我的失禮，急忙打開下個話題：「你記得那個縱橫中國網路圈的Eliott吧？我聽說他最近又跳槽到另一間公司，管到整個亞太區，帶一個五十人的行銷團隊哎！」

「什麼！你還提 Eliott？你不知道他早就被圈內罵到臭，說他沒實力只會屁，整天講中國那套『賽道』、『風口』、『試錯』什麼的，」他一聽到 Eliott 這個名字，整個人連眼神都銳利了起來：「跟你說個秘密，他之前靠著唬爛進到那間獨角獸公司，負責在台灣建立行銷團隊，一開始公司讓他做行銷總監，後來發現他只會搞 Facebook，大刀一砍、把他的職位降成數位行銷經理。最慘的是，最後發現他連 GA 分析、廣告投放都不懂，乾脆直接拆了他的團隊，讓他做社群運營小編，只要負責發發粉絲專頁文章就了事。這種貨色還能跳到更好的公司，對方真是瞎了眼！」

「我跟他真的不熟，只是好奇啦，原來中間還有這層故事，感謝你分享啊。」我見狀趕緊安撫友人 G。

我和 Eliott 只有一面之緣，稱不上熟識，但也知道他在業界一向被實戰派批評得體無完膚。然而我清楚記得曾短暫寒暄的那次照面，他只用幾句話就清晰的將其商業模式、為何要進軍各國市場、以及對此領域的下半年預測說得條理分明，這讓我感覺事情沒這麼單純，我決定繼續開啟這個小視窗。

「不過，前陣子我和 Eliott 的前老闆聊過天，他仍然對 Eliott 稱讚有加耶，還說真正能和他聊公司策略、能對上他思維層次的只有 Eliott，雖然實力還沒跟上，但在帶團隊的過程中，他也很快和資深下屬們學會了基礎的廣告投放技巧，好像和業界一面倒的負評不太一樣？」我問。

「當然啦！他就是靠這套嘴上的理論和策略，把各家老闆唬得一愣一愣，你看他帶五十人的團隊，肯定是得要靠下屬撐起日常營運，還不是要依賴一群像我一樣功夫扎實的匠人幫他抬轎！我們到底何苦……。」友人G一時語塞，但還是一口咬定Eliott就是個只會耍嘴皮的江湖郎中。

你會用CEO的角度思考了嗎？

網路上的職場文章常說：「要用CEO的角度思考」，乍聽之下很空虛，但也正是我們這些「動手做事」的人最常忽略的關鍵。**如果太專注於被交付的任務本身，卻忽略了這些任務背後代表的意義、以及此任務對公司整體的價值度，就很容易導致空有一身絕學，卻只能成為龐大商業競爭中，被埋沒在角落、懷才不遇的「匠人」**。

這樣的處境，我也能感同身受。

回想起剛到印尼時，老闆指派我一個戰場第一線的重要任務：談下所有重點城市的媒體版權。只有先拿到版權，我們的內容產品才有法律上的正當性。

問題來了，我連半句印尼話都不會，跑到各鄉鎮出差時，還得自掏腰包雇個當地翻譯跟我一起走，最終帶著團隊死拚活拚，終於在三個月內覆蓋了當地百分之八十的版權市場。

「我們把印尼四百家媒體合作都談到手了！」當我歡欣鼓舞向老闆邀功時，迎來的卻不是肯定和讚美，反而是一頓臭罵，指責我沒有理解業務背後的意義、沒有洞燭先機觀察到業務方向已經調整了、還白白浪費團隊的時間和人力。

我當下實在是又生氣又委屈，這明明是老闆親自部署的任務啊，我體現了自己堅強的實力、管理團隊達成了目標，怎麼不但不感謝我，還罵我呢？直到面臨晉升考核時，我才理解到箇中道理。

當時，我把這些年來做的項目成果及成績全寫上了晉升評鑑報告，拿去給我的老闆指教，卻被他不停打槍。幾次之後，他終於不勝其擾，開口向我解釋背後的道理：「在T社、A社這種大集團裡，每個職等都有清楚的能力模型。高階主管需要具備的『業務理解』、『商業敏感度』該怎麼體現？就是要能用一兩頁PPT，清楚的解釋行業的機會、對應的商業策略的和底層邏輯，否則做再多都只是『執行者』，不配被升到更高的管理職位。」

他指了指我報告上那些看起來成果斐然的數字：「另外，簡報當然可以呈現自己完成了什麼，但更重要的是剖析自己的執行還有哪裡不足、如果再來一次會怎麼做？試著想想，如果你的屬下要晉升，你以上級的視角俯瞰，一定有不完美的地方，只有在執行者的平面視角，才會覺得自己已經一百分！」

聽完老闆指點後的我雖然覺得有道理，但對考核邏輯仍有些半信半疑，深怕老闆不過是唬弄我，連忙問了幾位同期考核夥伴的想法，結果他們既不吃這套也不打算更改簡報的模式。最後我是摸摸頭，拚湊了兩頁「業務邏輯」、「系統性思考」和對自己的「檢討」交上去。

一個月後，晉升名單公布。我晉升了，他們沒有。

不怕堅持定位，怕的是放不下手中的石頭

「其實你也不用盼著公司重用你啊，自己在外頭已經紅成這樣，乾脆辭了正職，專心把講師事業做大，賺的肯定比公司薪水多啊！」

回到友人G的對話，我試著從另個角度為他著想，鼓勵他以專業講師定位自己，也

不失為一條康莊大道。

「話是這麼說沒錯，但你也知道，我就是一個要錢也要名的人。拿著這間公司的光環，讓我講師生涯順利許多，很難輕易放棄啦。而且我才三十多歲，難道現在辭了工作就一輩子做講師嗎？還是有份工作比較安心啦……。所以，可能真的像你說的那個Eliott一樣，如果我要在大公司往上爬，就要去學那套系統性思維、把不關我的事都講得頭頭是道，說不定講著講著就真的融會貫通了，就像我當講師一樣……。」

聊到這裡，我們好像都懂了什麼，友人G露出豁然開朗、又悵然若失的複雜神情，隨著手上的香菸慢慢燒到盡頭，他海派的肢體動作也緩慢了下來。

你是否也在上面的對話中看到自己，或想起了什麼人呢？

2-6 愛拚不會贏！打群架才會贏

你身邊有沒有一種人，每天都喊著自己很廢、想進步，但每當你們約好了要一起參加講座，活動當天他總會突然生病回家休養；或是買了好多堂網路課程，信誓旦旦的說要認真學習，但總是在打開電腦時，不小心點到了 Netflix 繼續追劇。

不瞞你說，我本人就是這種典型的懶蟲。

從小到大，只要老師不逼就不會主動學習、只要上司不給任務，我肯定不會主動瞭解業務細節，直到離職後被問起前公司的 know-how，才驚覺自己雖然每天都跟這些同事們一起吃飯吃到膩、聊到沒話聊，卻從來沒想過要向他們請教業務知識。

常言道，如何運用「下班後的八小時」是人生勝出的關鍵，偏偏我下班後真的只想打傳說對決，就連寫這篇文章的當下，我都很想闔上電腦去睡覺。

好巧不巧，我又是個愛做白日夢的孩子，總是自認能有一番成就，這麼懶下去肯定沒戲。在L社任職的後半年，認識了幾位職場同梯，我們都深感自己需要進步、希望向行業的前輩看齊，但也一致缺乏自我學習的驅動力，原先大夥只是沒事約個酒局互相訴苦，還在Facebook創了一個小社團，找志同道合的喪志青年取暖，沒想到這個小小起點，竟激起了一波又一波的漣漪。

時隔四年，兄弟A已經成為跨國電商的台灣區GM、兄弟B打敗了討厭的老闆成為部門老大、兄弟C跳出自己不喜歡的傳統銀行體系，一躍到世界第一的區塊鏈公司負責多國產品、兄弟D則如願進到業界龍頭，拿下了自己心目中的夢幻工作。

而當初的酒局和Facebook小社團「XChange」，目前已成長為在全世界八個城市擁有據點，至今舉辦六十場、共計超過六千人次的實體論壇，更有上百位志工分為七個部門無償營運此社群。透過企業高層的座談分享、以及內部成員限定的訓練課程，我們正試著協助一整代網路圈年輕人把職涯走的更充實、更國際化。

回想起來最狂的是，我們開設了三屆的互聯網大學，幫助近百位學生透過一對一教練指導，進入包括Amazon、LINE等國際企業工作、實習。二〇一九年也與四家NPO社福機構深度合作，以數位科技幫助失聰朋友及家庭功能缺失的少年。這也是我感到內心最充實的地方。

到底發生了什麼魔法，讓幾位懶惰的魯蛇能奮起實現白日夢，與上千位同世代的朋友一起快步邁向職業生涯的下一階段呢？

打群架的 5W1H 心法，你也可以輕鬆做到

這裡要先套用老掉牙的 5W1H（Who／What／When／Where／How／Why）架構，以 XChange 的發展為例，解析你可以如何輕鬆打群架，建立自我成長的社群：

✓ Who

首先你得找到人！大家可以先從身邊想進步但缺乏自我驅動能力的朋友開始，也可以從產業和興趣為出發點。例如 XChange 正是以網路從業者為核心目標受眾，因為身處瞬息萬變的新興產業，大家有獲得新知、多交朋友廣結人脈的強烈需求，因此一人拉一個朋友，很快就產生漣漪效應觸及到上千人。

✓ When

無論再怎麼忙的人都需要吃飯，所以擇日不如撞日，就近約個兩週內一起吃頓飯，以此為開頭，建立固定的見面頻率。就像我們最初也是相約每週四喝酒吃飯，吃了半年後，連東區居酒屋老闆都變成了我們的好朋友。發展成實體論壇後，我們的活動也是以每月一次的頻率舉辦，養成固定的習慣和模式。

✓ Where

餐廳、酒吧、公司樓下咖啡廳，甚至線上 LINE Call 也都行！

從酒吧閒聊進階為講座活動之後，我們以自家公司的公共空間作為活動場地，爾後和多家網路公司達成策略合作使用場地（在此感謝雪豹科技、Dcard、AsiaYo、街口支付等企業的長期支持）。同時因為成員遍佈八個國家／城市，平日的營運會議多數是依靠 Zoom 網路電話完成，這印證了一句話：「距離不是問題，決心才是。」

✓ What

訂下一個主題做討論，用各自的 Know-how 延伸分享看法，或共同研究一個議題。讀書會是最簡單的開始方式，以 XChange 為例，我們從每週四的業內八卦、新知漫談開始，進階到每月設定細分領域的主題講座。例如，我們既有專注在扎實的職場硬實力訓練；也有邀請 Airbnb、Google、LINE 等公司高層的互聯網主題座談；更有針對海外工作的經驗分享會，邀請在各國就業的前輩分享海外工作心得，就能夠凝聚一群想出海闖盪的年輕人，共同督促彼此。

✓ How

堅持做下去，BJ4。

每週 Social 哈啦很輕鬆，每月辦上百人的活動卻是真心累。費時費力又無償，陸續有夥伴因為家庭、工作等原因淡出社群，初期時不時會面臨斷炊和人手短缺的窘境，每個月都想過：乾脆不做更輕鬆。

但也因為如此，更加體現了「一群人能走更遠」的真諦。在我剛到印尼工作時，因為身陷水深火熱的新關卡挑戰之中，幾乎無暇顧及 XChange，完全得依賴核心夥伴幫忙。我深信，雖然每個人在不同階段都有各自的優先排序，但彼此若能分享共同遠景、在夥伴脆弱時相互 Cover，正是我們能堅持下去、走得更遠的秘訣。

✓ Why

必須深刻的追問、理清、質問與相信：「為什麼要做這件事？」

人生已經很難，天天加班累到不行，為什麼還要大費周章搞社群，或是參加什麼讀書會、自學團體？

無論你是滿腔熱血、想要踏上這場打群架的進步之旅，或是也想加入 XChange 的大家庭，**千萬千萬要問自己一千遍：為什麼要做這件事？你有到底多渴望進步？是否真心**

相信自己給出的答案？

不許敷衍搪塞自己！否則糊裡糊塗地浪費時間，不但做不好、做不久，驀然回首，還會更加懷疑自己、懷疑人生。

XChange的每一位核心夥伴都曾反覆地問過自己這個問題，我們的共識是：「在過程中深深認知到，透過一群人持續共享擁有的知識、資源，不只能改變彼此的職涯、生活，更能創造影響力，幫助更多人擁有更好的未來。」

我想起一次看到某位教授的臉書貼文，他提到，每個人身邊的同儕會形成一個水位，這個水位決定了自己的高度。當他在哈佛大學念書時，周遭的知識水位極高，自己就不得不努力浮上去，否則會被溺死；但相對的，當身邊的水位降到比自己還低時，雖然你會瞬間覺得自己變厲害了，但也不會再有所進步，唯一的辦法就是，想辦法為自己再次營造一個高水位的環境。

一群人拉著彼此一起成長，就算每個人都只有一，但是把自己「獨特的一」分享出來，就能瞬間得到N個嶄新的知識與價值。這就是「打群架」的意義所在：只要有人落後了就會趕緊追上，有人超前了，也會回頭拉後面的人一把，成為不斷互相成長的有機共同體。

二〇一九年十二月，我們舉辦了第一次的歲末回娘家年會，把過去兩百多位一起打拚的成員、協助過我們的講師、合作的企業社福和學校聚在一起，回顧過去四個年頭成績的同時，也展望了下個四年：

1. **建立更完整的跨國界台灣人才網絡：**以各國分社為起點，讓優秀的台灣同學登上國際舞台，突破在各國單打獨鬥的困境。

2. **打造更扎實的內部人才成長機制：**透過各領域的內部訓練課程、輔以社群 CRM（客戶關係管理）系統，記錄彼此的學習成長歷程。任何一份工作都有離職的時候，但 XChange 可以作你職涯的家和後盾。

3. **將養分和影響力回饋出去：**透過互聯網大學，把還未受到重視的網路學科深植下個世代，透過與社福組織的合作，讓弱勢朋友能藉由網路的力量掌握更多選擇、翻轉生命。最後也是最重要的，我們會繼續保持社群成立的宗旨之一：不以資歷背景篩選成員。

誰沒有青澀過？誰不是從一無所有開始？但和一群人一起勇往直前，我們不會永遠這麼嫩！

麵攤行銷起家，二十歲做到上億估值跨國公司 CEO

結尾分享一個真實的故事，主角就像是我沒有血緣的親弟弟，他叫做 Fash。

二〇一六年十一月，我在遠見集團旗下的《30雜誌》專欄發表了一篇文章，一個月後，Fash 在 Facebook 加了我，傳訊息問能不能聊聊職涯選擇，我看了他的頭像照片、覺得他是挺帥的一個男孩，欣然答應。

在電話彼端，他說起自己如何在大學考試失利，卻用加倍的拚搏結合興趣，創辦了小有名氣的球鞋電商平台和廣告投放工作室，從街口的麵攤開始接 Facebook 粉專代操，逐步拿下了包括福斯汽車、NIKE 等大廠的品牌案。畢業前夕，他的月收入已經比大企業的經理級還要高。

我聽完當下的第一反應是：你已經比我厲害啦！我連創業的膽都沒有，怎麼輪得到我來給你建議呢？細問之下，發現他雖然創業一路順遂，對於職涯的未來發展方向仍然有許多疑惑。我並沒有給他一個直接答案，反之，我開口邀請 Fash 來 XChange 一起玩。

幾週後，我工作上的合作夥伴——在全球擁有破億 App 用戶的台灣隱形冠軍凱鈿行動科技，打算招募國際市場 BD，我二話不說就把 Fash 推過去給他們，可想而知，Fash 不但順利錄取，而且做得有聲有色。XChange 也延攬他成為品牌長，教後進的弟弟妹妹們如何投放廣告。

近年來，Chatbot 聊天機器人大行其道，Fash 更是看準趨勢，毅然辭職，自己創辦公司 GoSky，用高於業界的薪資招募了許多 XChange 社群裡的優秀人才。

以 Fash 廣結善緣的客戶人脈和在凱鈿時期的 BD 經驗，再輔以 XChange 內部的人脈牽線，他一舉拿下阿里巴巴、LINE、VOGUE 等大客戶，更跨足東南亞、北美市場，成為全球最大 Chatbot 系統商 Chatfuel 的大中華區獨家夥伴，成為估值上億、台灣 Chatbot 第一名的公司。

二十六歲的 Fash 已經半隻腳踏入財富自由，相比之下，我不過是馬齒徒長。但我的內心更為能有這麼一位共同成長、青出於藍的弟弟感到無比驕傲。

五月天的〈倔強〉歌詞裡唱道：「逆風的方向，更適合飛翔～我不怕千萬人阻擋，只怕自己投降！」

如果你像我一樣，沒有這份倔強，就是一個懶字，真心歡迎你加入我們來一起打群架。

如果你有這份倔強，我除了由衷佩服，更想開口邀請你：這裡有更效率的捷徑，有好多朋友和你並肩作戰！

別再孤軍奮戰了，在這個低薪窮忙世代，「愛拚不會贏」，打群架才會贏！

第三回／遊戲副本，走別人不敢走的地圖

環繞我們的海洋不應該是一種限制與藩籬，而是我們放眼世界、挑戰人生的腳下征途。而所有的出行，都是為了歸途；所有的遠望，都是為了反思。

3-1 台灣南波萬？海外工作，不是得到，就是學到

你有想過離開台灣工作嗎？

以打工度假（working holidays）為濫觴，出海工作近年來蔚為一股風潮，主流的目的地從早期的美國、歐洲等西方世界，逐漸的往對岸、新加坡甚至東南亞遷徙。每當新認識的朋友聽到我在印尼和印度常駐工作，百分之八十的人會問我：「為什麼是印尼、印度？感覺都很落後耶。你在收集有『印』字的國家嗎？」更有不少人會直白道出他們自身的渴望：「為什麼不去優雅的歐洲，或是充滿機會的美國？」

聽到這些，我心裡的白眼都會翻到天邊。如果你曾親自走一趟這些所謂的「落後國家」，待上三個月，和當地人一起吃、一起工作，你會體驗到和電視上播的、電影裡演出的、你腦海中印象所認知的——百分之百不一樣的世界。

印尼真的落後嗎？「落後」的標準是什麼？

第一次踏上印尼的土地，我就被這些看似迥異衝突、但又巧妙融合的文化風景深深震懾。纏著頭巾、身著西裝、傳統服飾、各色皮膚……來自世界各地的外派人士，住在同一棟商辦共構、大型百貨公司樓上的酒店式公寓，有Buffet早餐、有幫傭，有健身房、游泳池、按摩室、網球場……。

下班累了，回到位於大樓第四十層溫暖的家，在自家陽台就能擁有盡覽首都風光的無敵夜景，迎面拂來的夏夜晚風，瞬間帶走一整天的疲憊。早起上班不用急，辦公室就在住處樓下，只需要搭電梯就能輕鬆到達；如果有出門的必要，不必叫Uber，專屬司機為你提供接送服務。最無法想像的，是雖然印尼的交通永遠堵塞，但如果你給認識的警察一筆費用，警車就能為你開道。

然而若你步行到對街，映入眼簾的是一整片櫛比鱗次、不到五坪的鐵皮屋，人們在街邊或蹲或坐，吃著手裡台幣十塊錢不到的午餐——他們是頂著大太陽、滿街跑的Gojek騎士（印尼摩托車版本的Uber），載客五公里遠，入手卻不到台幣三十元。

僅是同一條街的兩側，同時顯現了上層社會和底層生活，有如隔開兩個不同世界的分界線。然而卻又像是兩個老朋友比鄰而坐，絲毫不尷尬。

「這都是我爸公司蓋的。」我的同事兼好哥兒們、留美 MBA 的華裔富二代 Kenji、Peter 和 Denny，常常指著隔壁的建築如此說，偶爾還會邀請我到他們在市中心占地幾百坪的莊園看世界盃直播，一邊聽著他們的父母訴說著當年奮鬥與逃難的往事。

原來，印尼在一九九八年曾發生恐怖的排華屠殺，一些來不及搭乘私人飛機脫逃的華裔，儘管罩上穆斯林的頭巾，卻還是因為小眼睛太好被辨認出來而慘遭毒手。而他們為了保命，甚至被迫讓家族姓氏從「黃」改成印尼化的拚音「Wijaya」、「Widodo」……，這些你以為只有在電影才會出現的情節，真實的發生在他們與家人的身上。

二〇一七年，雅加達市中心的公車站遭遇炸彈客恐怖攻擊，當時我和同事就正在幾個街區外的餐廳吃飯；接著二〇一八年，印尼第二大城泗水發生連環自殺式恐攻，釀成二十六死五十傷的慘劇，當時我正巧從泗水出差回到雅加達。

也因為此些恐攻報導，容易讓身處治安樂土的我們產生刻板印象，以為穆斯林都是恐怖份子、他們的生活充滿混亂與恐懼？

不！

我在日常生活中所碰到的每一位穆斯林印尼朋友，無論是門房、警衛、餐廳服務員、生意夥伴或同事，無論他們來自那條街的哪一邊，都是徹徹底底的好人。他們對你的好不帶任何目的與算計，也不是為了多拿一點小費而討好，那是一股單純發自內心，由宗教及民族天性所帶來的善良純樸。

你說，可能是我看誰都覺得善良？並非如此。曾長期出差久待於歐洲的我，從一開始的天真、對誰都保持友善，到逐漸能認清對方不經意的眼神與相處的氛圍裡，那股處處隱而未顯的「高傲」與「不友善」。

往來過這些國家，我認為，大多為穆斯林的印尼人可說是我所認識的人當中最善良的一群，也是最愛以唱歌、跳舞以及菸酒（？）來抒發心中歡樂的一群人。當我們以所謂「文明進步」的西方框架來檢視世界上的其他國家，我們或許會看到很多缺陷，但我們也失去了欣賞每個國家獨特價值的能力。

儘管在印尼境內，穆斯林與華裔這兩個族群曾過有生死仇恨，但一般民眾之間對待彼此就像家人一般，儘管不認同對方的宗教和政治理念，但卻都認同而且非常支持自己的國家。

「我們都是印尼人。」這是他們不曾動搖的信念。

印度，另一個完全不同的異次元世界

「哈啾！」第一次降落在印度的新德里機場是在隆冬的十二月，帶著工地塵土味的濃濃霧霾迎面撲在鼻頭，令我不禁打起噴嚏。這個時節，許多人仍以燃燒木頭和垃圾製暖，加上燃煤電廠長年生產的霧霾，整個城市的空氣像是被壓縮在天地之間烤過一般，重重的覆蓋著所有人的鼻息。

當時的我還不知道，所有的日常生活，都將變得像是一場冒險，而這只是漫漫長路的序曲罷了。

來到印度，許多習以為常的認知都發生了某種扭曲。如果你叫上 Uber，一般會經歷至少十次反覆被司機放鴿子，要像國父一樣嘗試十一次才能成功搭上車。車上除了司機還有許多同伴，比如蒼蠅、各種刺鼻的味道，更別提路上坑坑洞洞、顛跛不堪都算是正常發揮。

如果你不幸上了隨機招攬生意的黑車，路程開到一半就會跟你「重新談判」，開口要求加價兩倍，否則無法下車，簡直是移動黑店。行駛路途中，震耳欲聾的喇叭聲不絕於耳，最瘋狂的景象，是逆向車輛一個接一個的邊按喇叭，邊橫衝直撞的暢行，彷彿是一場瘋狂的公路合奏。

莫急、莫慌、莫生氣，因為在那道逆向橫流的車陣中，很可能你就是那其中一台車！

好不容易回到了公司提供、堪稱當地最高級的豪宅社區，想要洗個簡單的熱水澡，熱水卻只持續不到三分鐘，連哼完一首歌的時間都不夠。此時，滿地的汙水在堵塞的排水孔上慢慢淹上了腳踝……。不過就是清潔人員沒清理仔細而已的日常發揮嘛，大驚小怪什麼？

一樣是外派人員的「標準配備」，公寓和公司之間僅需步行五分鐘。但在這五分鐘的路途上，你可以見到各種形狀、顏色、乾濕兼具的狗屎和人屎，還有說不清是什麼東西的排泄物。

你說怎麼可能有人屎？別懷疑，我就親眼見過一位穿著可愛、充滿朝氣的女孩，在我面前當場蹲下來「解放」。我所住的社區位在首都新德里邊上的科技城「古爾岡」，Google、微軟、OPPO、阿里巴巴等等科技公司的印度總部全都設在這，環境已經算是整個大德里區域中最好的了。但是，這裡依然還是一個你我無法想像的平行時空，說是穿越蟲洞的異次元或許更為貼切吧。

離開台灣九百多天，海外工作教給我的五堂課

✓ 抱團力量大

出海前後最常聽到的都市傳說，就是「台灣同鄉最會欺負自己人」。你可能會詫異，自己人幫自己人都來不及了，怎麼會扯人後腿呢？但在許多出海工作的朋友和我的親身經歷裡，這個現象確實是普遍存在的。

「台灣是個小而美的市場」，好的位置並不多，要站到少數的高位，通常不是你死就是我活，我稱之為「蟹桶現象」。想像一群螃蟹放到桶子裡，彼此為了要爬上去，只能不斷的把對方往下拉，結果到最後，誰也出不去。許多能夠出海的人是這場零和遊戲的佼佼者，卻也把這壞習慣跟著帶了出來，連自己都不一定意識到，「反正自己人的錢最好騙」、「看到自己人出鋒頭最讓人眼紅」就本能地出手了。

反觀印尼人、印度人在國際商界都以「抱團取暖」聞名，肥水不落外人田、好機會只留給自己人。比如面對中、美公司的互聯網經濟殖民，印尼和印度的公司們都能放下幾十年對打的成見，一起籌組協會，把沒有繳保護費的中美大公司搞上法院或從 App Store 下架，戰力十足。

類似這些抱團的事，不僅存在於個別國家，遠看美國矽谷、近觀東南亞的廣告公關

業界，許多高層大佬都是印度裔，他們一個拉一個就瞬間成片成群，業界江湖上無人不知「Indian Mafia」的名號；但反觀台灣籍的朋友們，在許多市場雖然都取得不錯成績，卻鮮少見到類似的互助圈圈。

這也是為何 XChange 至今在八個城市設立互助分社，力圖化「內鬥」為互助。與其孤軍奮戰，不如抱團打群架吧！

✓別用自身經歷的一角論斷全局

我對印度的第一印象不只環境髒亂，人們的反應和品行也會隨時讓你理智斷線。

還記得我第一次到電影院看電影，買票時與售票員千叮萬囑：「我要有英語字幕的那個場次」，對方以印度招牌的搖頭加微笑說「沒問題」。順帶一提，印度人搖頭有三種意思，包括「肯定」、「否定」和「有可能」，夠令人崩潰、「摸不著腦袋」吧。

買完票後，我在隔壁麥當勞買了份勁辣雞腿堡打算坐下來享用，豈料當我去了一趟洗手間回來，卻撞見眼前上演的驚悚場景：有一群人——對，不是一個人，是一群人——正大剌剌的吃著我的漢堡和飲料！

「你們在做什麼?!」我又驚訝又生氣地問道。

「我們訂了這個位置。」其中一個人回答，手中還握著我的可樂，一副「你有事嗎」的態度。

我長這麼大，還是第一次聽到麥當勞有提供先進的「內用訂位系統」而且附送「免費餐點」的啊！勉強維持住隨時要繃斷的理智線，我走回電影院準備好好看場電影，想著至少電影院總不會被佔位了吧。沒想到電影開始之後，果然不出我所料：沒字幕！

滿口說著「沒問題」但失信的行為，老實說在這裡我已見怪不怪，而影廳內眾人大聲談論劇情、踢椅子等擾人的動作，也都是家常便飯的「加值服務」。就在這時，左邊幾個嬰兒此起彼落的哭了起來，坐在我右邊的大叔，居然站起來和嬰兒對罵，結果讓嬰兒哭的更大聲⋯⋯。

其實，我大可以憑第一印象隨口下定論說，「印度是一個有教養的現代人無法忍受的地方。」但是偏偏，我職涯中帶過最勤勞、謙虛，並且聰明、活潑的下屬，就是一位印度姑娘。她年紀輕輕，除了苦讀獲取英國MBA學位，在我的團隊共事期間，一連拿下最佳員工獎、最佳團隊獎，二十六歲就晉升為資深經理。

你說，是電影院的怪人代表印度、還是這位優秀的女孩代表印度？

在這些海外經驗中我學到對人生極為重要的一課，那就是：「**世界是多元價值共存的，不要用你眼見的一角，去論斷全局。**」每一個群體、每一個國家、每一個議題，從來就不是非黑即白，而是眼界不足與心胸無法容納色彩的人，將他們簡化為黑白。

在台灣，我見過許多人一個勁的鼓勵大家塊陶（快逃）出鬼島，說著這裡沒希望了；也有人說出海的人都不夠愛台灣，甚至一竿子指責那些跑到對岸工作的人都是在背叛這塊土地。這種兩極化的二元主義，才是真正的井底之蛙。

這個世界是色彩繽紛的，一個國家可以由不同的種族和政治認同所組成，也不會因為你的善惡二元論就變得勢不兩立。**心中懷抱著理想、同時腳踏實地的做事，不給自己和別人預設邊界，才是對我們最健康的生活態度。**

小時候讀到「讀萬卷書，不如行萬里路」時，似懂非懂。長大後真的行了萬里路，才多少明白這句話的真義。

✓ 扎根的心態，決定你的成敗

面對海外的多元文化，要在當地玩得開心、混得道地，最重要的就是不分我者與他者、真心融入的心態。許多外派人士打定主意待個兩年就走，只顧著跟外派的同事同溫層交流、不願走出去結識當地的朋友，甚至連上計程車都不用當地的語言指路，這樣封閉的「過客」心態，不但無法深入瞭解當地生態、把市場做好，遇到需要在地資源協助你度過難關時，更會陷入求助無門的窘境。

我有一位又帥又善良的朋友，在印尼一待就是六年，印尼文練的比英文還溜，身邊印尼朋友比華裔朋友還多。他不但幫台灣公司拿到了印尼當地的品牌大獎，在我稍微牽線之下，他更依仗著豐富的本地經驗，一舉拿到跨國公司的市場總監位置，薪水是他原先在台灣的十倍之多，這就是一個扎根本地、開花結果的好例子。

回到開頭，假如他沒有扎根的心態打開豐富人脈，這一切都不可能發生。

✓待得越久，越真正認識自己

在海外最熟悉的心境，應該是孤獨。

這裡沒有你在台灣熟悉的家人朋友、沒有喧鬧的夜市和美味小吃，每一次夜深人靜，都是一次直面自我的對話。大把孤獨的時間和空間，有如一把刨蘋果的快刀，刨掉吵雜的思緒和凌亂的事物表象，讓你不得不面對自己：

「人生至此，什麼才是你真正在乎的？」

隨著飛行越來越頻繁，我漸漸發現自己只需要幾件黑色的衣服，剛好裝滿一個小小的登機箱；路上的人漸漸不再熟悉，也就不再需要精品名牌襯托炫耀；因為別人的眼光不再如此重要，我甚至剃了光頭，只為讓生活更簡單些。

隨著踏足的國家越來越多，我認清自己過去癡迷的歐美，更多是喜歡那華麗的建築和豐厚的文化遺產；但若在一個地方長住下來，我發現自己更加在乎的，是每天早上第一句問候的溫度、人與人相處的態度。不意外地，印尼人民的善良純樸成了我的首選。

每一個外派日子的無形堆疊，都讓我意識到最滿足的時刻，不是看到帳戶裡的數字隨著時間跳動，而是能天天和心愛的人在一起。世上許多物質的享受都能透過金錢營造，唯「二」無法用金錢改變的，就是天氣和陪伴你的人。因此我深深感謝是如此幸運，我有一位願意陪我走天涯的老婆。

✓你無需衣錦，才能還鄉

隨著出海工作的浪潮一波波席捲，身邊的朋友一波波後浪追著前浪的腳步出海去，也有一波朋友從海裡逐浪歸來。如同潮起潮落，他們有的運氣不好，碰到公司倒閉或是爛老闆，有的因為水土不服而不斷生恙，有的因為台灣的家人需要照顧而回家，原因不一而足。

但其中有些歸家的朋友心裡，卻多背負了一種無以名狀的罪惡感，好像這麼快回來了就與某種失敗劃上等號。反觀仍然在海外打拚的朋友們，許多人看似在Facebook上光鮮亮麗，內心其實卻早已厭倦海外的生活，卻也因為同樣害怕被嘲笑失敗，只好苦苦撐著做「異鄉人」，將希望押在自己有一天能「衣錦還鄉」。

面對「衣錦才能還鄉」的迷思和束縛，你要說這是屬於華人的堅忍美德也好、傳統框架也行，但既然有勇氣拋下原本的一切歸零出海、逐浪追夢了，為什麼會沒有勇氣面對自己內心真實的聲音、看淡身邊不懂你的鼠目寸光，兩袖清風也罷、直起腰板坦蕩蕩的回家呢？

「人生是自己的」，出來這一趟，更認識了自己與這個世界、能夠問心而無愧，這就是屬於我們每個人的衣錦還鄉了。

畢竟出去是為了回來，你不是得到，就是學到。

3-2 你真的想清楚要出海？苦惱怎麼出海？

看完前篇，不知道大家有興趣去印度工作嗎？又或者因為我的描述而對印尼改觀了嗎？

我認為，出海最重要的前提，就是先問清楚自己的「3W1H」。

Why：為什麼要「出海」？

「出海」工作的原因百百種，有的是為了發大財、體驗不一樣的生活，有人是為了學習獨立、給自己一個逃避原生家庭的理由，也有的是為了鍛鍊英文能力，或者結交異國風情的男女朋友。**任何理由都可以是好理由，重點是要對自己誠實。**

畢竟出國工作不是鬧著玩的，除了遠離從小適應的成長環境，更要割捨與家人朋友相處的時間，無論在物質或情感上都得做出某種程度的犧牲，因此更應該先想清楚「我為什麼要出國工作？」，上述的犧牲與之相比，是否值得？

我建議要出國工作者，必須要有明確且強烈的理由，否則很可能早早就鎩羽而歸。當然，如果將海外工作當做一種人生體驗，出國走一遭也沒什麼不好，但最怕的就是出海的理由薄弱到連自己都說服不了，下飛機的第一晚認清現實才開始後悔，發現其實自己缺乏堅持下去的動力。

如果你將這個問題拿來問我，「你為何要出海？」我的答案非常簡單直白，就是為了「賺錢」。

我非常幸運的，在二十六歲就觸及台灣中產階級打工仔的薪水天花板，因此對我來說，「選擇出海以追尋更高的薪酬」成為相當明確的動機。這個原因或許非常膚淺，但也確實簡單、強烈而帶給我源源不絕的動力，讓我每一刻在外拚搏時都能堅強起來。

當然，如果台灣能給我們這一代追尋年薪千萬的機會，我也巴不得隨時回到溫暖的家鄉。

世間所有相遇都是一次久別重逢，所有從故鄉出走都是一場身不由己。

Where：去哪些地方可以達成你的目的？

這個問題的核心，就是理性客觀的認清每個國家的優缺點。

許多人只看到表象，總會嚮往巴黎的浪漫、英倫的紳士文化或是紙醉金迷的美國夢。但事實上，如果沒有極高的薪資條件，在物價高昂的巴黎市中心生活不啻於一場惡夢；而電影中所謂的American Lifestyle，比起美國，在東南亞的任何一個國家可能都來得更容易實現。

從過去常駐三國、出差十國、旅行三十多國的個人經驗出發，我深深體會不能單純用旅遊的感受來判斷一個國家的日常與內涵，更不能透過電影和文學裡那些經美化過的濾鏡和辭藻來觀看、臆想。這些粉紅泡泡，可能在你落地後的第一個星期內都會被毫不留情的戳破。

如同我們在本書前段一起練習過的許多表格，以下就讓我嘗試用不同的目的，為各位媒合不同的區域屬性：

如果你喜愛建築與文化，歡迎去歐洲；如果你寄情於工作，想與世界一流的職場人才同場競逐，「九九六」（朝九晚九、一週工作六天）對你來說如同假期般輕鬆，那麼，北京、上海、深圳、香港、新加坡都是適合你挑戰的競技場；如果你想用類似的薪資水平過上比台北還奢華舒適的生活，東南亞國家的首都與一線城市可以實現你的百萬富翁夢；如果你想打拚存到第一桶金，印度、非洲等這些新興市場遍地商機，是名副其實的潛力金礦。

補充說明一個重要觀念：**「賺錢」和「存錢」是兩件不同的事！賺到的錢－（稅收＋生活費）＝存到的錢，所以看準高補貼、低生活費的薪資市場，才能最快幫助你達到「存錢」的目標。**

一般常見的歐美先進國家，以及新加坡、香港雖然薪水高，但是相對有著高額的生活費抑或稅金，你可能帳面上看起來收入豐厚，但卻很可能成為「高級月光族」，難以達成存錢的目標。

如果你期待獨當一面、獲得快速的升遷管理機會，歐美市場的職涯天花板更會重重壓在你的天靈蓋上，縱然你是學武奇才，也無處揮灑。

如果你只是想體驗不同的文化環境、獲取「海外經驗」，我建議大可找一份需要時常出差的工作，不一定要一次就All-in，將自己「外放」到另一個國家。

我之所以將東南亞國家做為個人首選，主要有幾個面向的考量：

1. 市場機會

相較於成熟的歐美和中國市場，目前以印尼、泰國、越南、馬來西亞為首的東南亞市場還具有極大的開發潛力與成長爆發力。其中印尼是世界第四大人口國，百分之五十的人民年齡在三十歲以下，龐大的市場內需和人口紅利是未來優勢。這種具有長期發展性、現階段競爭者又少的潛力股，當然是越早進場卡位越好。機會多、舞台大、薪資高，完全切合我的需求。

2. 生活型態

印尼和台灣一樣，歷史上曾先後被荷蘭、日本所殖民，所以日韓國料理、西式 Fine Dining 都極為道地。再搭上印尼人民與生俱來的音樂天分，許多驚為天人的 Live house、Café Bar、Bistro 與國際級的音樂節都是垂手可得。

談到工作與生活環境，光是雅加達就有好幾個住商合一的 CBD（中央商業特區），可以實現八百公尺一日生活圈。而有「萬島之國」稱號的印尼，只要跨出都會區，山林與海洋近在咫尺。以最為人熟知的峇里島來說，我認為它只是印尼美景中一個普通的基準比較值（Benchmark），這裡有太多更唯美、更厲害且不為人知的天堂小島等著你去探索與享受。加上印尼人民普遍和善有禮，風光明媚、四季如夏的印尼，對我來說，簡直就是人間仙境。

3. 工作形態

就我的觀察，東南亞國家的朋友們在個性上和許多台灣朋友一樣有著木訥、認份的基底，但卻更懂得享受生活，因此工作氣氛較為輕鬆。在東南亞各國的首都大城工作，因為人種多元、外派人士比例高，很容易接觸到更多不同文化背景的思維和價值觀。同時因為市場人口為台灣的五到十倍，案子的規模和預算，也往往高於台灣十倍甚至到百倍。就我所處的泛娛樂與互聯網內容產業來說，由於印尼在文化上深受歐美流行文化影響，這一點其實挺能和台灣的成長背景產生共感，也相對容易習慣並融入。

無論你的出海目的為何，我都還是要苦口婆心地建議：「想清楚再出發。」才不致於落得灰頭土臉。

我有一位朋友，本身就是個衝浪、潛水狂人，他之所以前往菲律賓與南美洲工作，就是為了每個週末能在附近的浪點、潛點盡情馳騁。他就是我非常佩服、追求所愛的典範之一。

How：如何啟程追夢？

想到要出國工作，第一個煩惱可能都是：「要去哪兒找機會？國外有沒有什麼好用的媒合網站？」

其實無論是在台灣、還是世界各國找工作，方式概括有三種，按照效率排序為：「朋友內部推薦」大於「獵人頭」大於「目標公司網站」。為何不放人力銀行和媒合網站，我想成功機率大家都心裡有數。

如果希望能系統性的規劃求職，請你跟我這樣做：

1. **時程**：訂下一個預計出國工作的時間，以此基準回推三分之二的時間點，就是你需要丟完第一輪履歷的時間。（舉例：半年之內要出去，在前兩個月要丟完一輪履歷）。
2. **名單**：將自己想要去的地區、產業和公司名稱等資料條列出來，建立成一個 Excel 表單。至少要準備十五到二十間公司（正常來說，只有一半的公司有開出職缺，而這裡面，可能只有百分之三十有適合你的職位，所以建議多列一些）。
3. **職缺**：進到目標公司網站的招聘頁，把心儀的職務和連結填在 Excel 表單上。
4. **進度**：詳列申請職位的方式，並隨時更新進度。比如已經提交履歷、面試到第幾輪等。

5. **關係**：每個目標公司至少找到一位你認識的人，或者能夠幫忙牽線內部員工的人，每週至少與一位聯繫，請他內部推薦或是詢問公司內實際狀況。

目標：六個月內出海工作			
第二個月	第三～六個月		每週打給一位
履歷提交	面試	Offer	內部朋友
✓	三面	✓	Adam
✓	二面		Apple
			Andrew
✓	三面	✓	Alice
✓	二面	✓	Abby
✓	一面		Ashley
✓	一面		Amy
✓	三面	✓	Amber
✓	未面		

▼ 規劃出海求職的 Excel 表單範例

時程	目標：六個月內出海工作			
	第一個月			
地區	產業	公司	職務／JD	接觸方式
印尼	電商	Lazada	VicePresident	內推
		Shopee	BD Head	獵頭
		Tokopedia	未開缺	
		Bukalapak	未開缺	
	短影片	TikTok	BD Head	內推
		Likee	Country GM	獵頭
	直播	Bigolive	未開缺	
		Nonolive	未開缺	
		Live.me	Country GM	內推
新加坡	雲服務	Amazon	Sales	內推
		Alibaba	Sales	內推
		Microsoft	Sales	官網
		Google	未開缺	

除了上述的基本步驟，我試著歸納三種「公司類型」，探討一下不同類型的公司需要什麼樣的人才，幫助我們釐清努力的方向。

1. 本地公司（Local hire）

在任何國家，絕大多數職缺要求是必須具備當地的語言能力，這是當地公司招聘人才的最基本條件。

2. 歐美商的在地分公司（Local hire）

跨國外商公司之所以願意雇用「只具備中英文能力」的員工，最大的可能性是他們打算開展華語市場。譬如Google、Facebook在香港、新加坡的辦公室，都聘用了一大群華人專攻大中華市場。的確在這個位置，還常有機會飛回台灣出差，乍看之下，是挺理想的組合，但有唯二可惜之處：一來，你無法真正拿到海外本地市場的經驗，下一步多半只能往華語市場發展，較難深耕真正的海外市場；二來，其實跨國公司還是有不成文的潛規則，區域負責人之上的位置，較大比例都是由總部派駐的「本國人」，比如歐美公司駐外區域主管以上的職位，一律是歐美人士。日、韓商更不用說，連各國辦公室負責人都是日、韓本國人，國籍實實在在的是各位的玻璃天花板。

3. 中資台資的在地分公司（外派）

同理，由於跨國公司愛用同文同語的員工擔任高階主管，在中資與台資的企業裡，你我就能乘此便利，相對容易做到海外市場的團隊負責人位置。也因為台灣英語教育的均值水平相較於其他國家為高，同時受到東西方文化的綜合熏陶較深，能夠快速融入海外本地人團隊，擔任起與總部間的溝通橋梁。所以在中資台資公司外派的薪水和職位上，都不會有明顯的天花板，不失為一個務實的選擇。

When：該準備到什麼程度、什麼時機才適合出去？

我遇過十個說想出國工作的人裡，有九點五個都還在台灣，而其中有九個人的共同理由都是：「我英文還不夠好。」

但是就我個人的經驗而言，相較我遇過的各國同事，台灣朋友的英語水平大多已在高標。別人都沒說你英文不好，為何要滅自己威風呢？或許有些人會認為自己的英文程度在台灣群體裡是後段班，但是海外工作的英文要求真的沒有想像中的高。更何況，語言需要在當地環境活用才能熟練，而不是依靠硬式教育的填鴨練習就能補強的，所以，請別再用自己英文不好這個老派的藉口拖延自己了！

如果你都已想清楚了為何要「出海」、要去什麼國家、要進什麼類型的公司，歡迎隨時丟履歷拚一把，加入「海外遊子」的行列吧！

3-3 遠征海外存活率最高的工種？BD能吃嗎？

上一篇談完海外工作的3W1H要點後，還有一個很實際的問題是：「我所從事的產業職務，有辦法前往海外工作嗎？」

其實，任何工作都能出海，只是方式不太一樣。

以我相對熟悉的互聯網產業為例，出海的工種可以大致分為「技術類」和「市場類」。

技術類：產品前端、後端等各類工程師（產品經理一職也暫歸納於此）。

市場類：涵蓋行銷與銷售，以及運營、BD等。

這裡可以沿用我前篇提到的「公司類型」模組，做一個清晰的配對：

✓本地公司：適合技術類

如上篇所說，去到任何一個他國的本地公司，最關鍵的都是「是否有可對話的語言能力」，否則無法與同事溝通，更無法與當地的客戶或用戶溝通。技術類的相關工作人員正好完美契合，因為他們有全球共通的程式語言——「0和1」，不受任何地域限制，這也是為何大批在歐美生存下來、攻城掠地的朋友都是攻城師（工程師）們了。

反觀市場類的朋友，除了要熟稔對方的語言之外，還需深入理解當地的文化和民族習性，否則無法用對的語境跟消費者、客戶溝通，個人出糗事小，砸了公司交易事大！

✓歐美商的在地分公司：市場類為主

歐美跨國公司通常不太會雇用華人前進東南亞、東北亞、中東等非華人語系的國家，所謂「以夷制夷」，雇用真正熟悉當地市場的本地人明顯更為合理。所以多數被雇用的華裔員工還是放在區域辦公室內，實際上則做大中華市場。比如新加坡、香港，就有大批的台灣朋友在這樣的崗位上，對象就是自己熟悉的市場。

技術類還是有機會，但多數歐美公司的主要技術團隊還是以本國總部招聘為主（歸類於前一種範疇），或是外包給性價比高的印度團隊，較少比例在各國的分公司招聘華裔工程師。

當然如果你技術過硬、打遍天下無敵手，那就另當別論啦！

✓ 中資台資的在地分公司：只有市場類

為了節省內部溝通成本以及高昂的外派成本，技術類人才多半會留在一間企業的總部，非不得已外派出去的員工幾乎都是屬於市場類的工作性質。

總的來說，從公司數量論，本地公司數量肯定遠遠大過外商在地的分公司數量，所以技術類的朋友們在海外的職缺真的會比較多一些。

在眾多市場類的職能中，其實也能夠從跨國公司在海外的「經營階段」區分重要性。

若某企業剛開始往新市場發展，首先會需要BD做先鋒，建立好當地戰略夥伴關係、瞭解行業情況，同時和總部的產品運營部門配合，打穩基礎。

隨著市場越趨穩定，總部會陸續把運營和行銷部門的同事派來。運營負責在第一線瞭解用戶的需求，以制訂出相應的用戶策略，並同步反饋給產品和研發；接著再透過行銷讓產品在當地大力傳播，吸引用戶前來體驗；最後，當市場知名度提高了、用戶增多了，就是業務們可以開始賺錢的時機點了。

那麼，BD到底是什麼？

BD（Business Development）中文翻譯為「商務」或「商務開發」，是網路業蓬勃發展後開始普及的職務，BD與傳統的業務銷售、行銷不太一樣，這裡試著先提供一個定義以利後續論述：

1. BD是公司以及外部合作夥伴之間的橋梁。
2. BD不以賺錢為最直接的KPI。

因此很多人覺得，BD像是業務，但不以賺錢為目標，也像是專門談異業合作的行銷。

精確地說，BD專談不賺錢的合作，專注在釐清公司與合作方的Give & Take。

一般網路公司通常將BD分成兩大類：

1. 幫助產品更強大：

以電商平台與內容平台的BD為例，這兩種平台的優勢基礎是建築在「是否有夠多、夠優質的合作夥伴在平台上」。

對於電商平台來說，BD需要尋求更多的品牌或賣家上架商品到平台；對於內容平台來說，BD則要購買或洽談更多的內容版權放到平台上。

2. 幫助產品增加用戶：

一般行銷人員增加用戶認知和使用的方式，是直接面向用戶端打廣告、辦活動，BD具有一樣的使命，但路徑則是面向企業端，和已經有一批用戶的企業合作，讓對方的用戶也有機會成為自家產品的用戶。

以App產品來說，最直接的方式就是付錢給手機品牌商或電信業者，在大批用戶還沒拿到手機之前，就先把自家App裝在手機裡，這就是所謂的手機品牌預裝（Pre-Install）。另一個常見的方式是和其他的App「換量」，互相推廣彼此的App、誘導用戶們下載對方的App，讓雙方共同達成用戶增長的目標。

要獲得好處肯定需要相對應的付出。那BD拿什麼和外界交換呢？這邊簡單列出常見的Give & Take手法，實際上則會視每一家公司發展的階段及產品屬性不同，而做不同的搭配：

1. **給錢：**

這或許是最簡單、最無需巧勁與思考的方式。前面提到的手機品牌預裝 App，通常就是以一個用戶開啟 App 的動作來算錢，稍微聰明一點可以談分潤，也就是導過來的用戶真的讓公司賺到了錢，再分一部分利潤給合作方。

2. **給流量：**

流量（Traffic）做為網路產業的基礎計算單位，可以用下載、註冊、瀏覽量等等為單位交換，上述 App 之間的換量方式就是個例子。

3. **曝光：**

如果你在相對知名的品牌或平台方，也可以拿自身的行銷資源做籌碼。例如，LINE 的新產品想要尋找夥伴時，可以提供聯名發公關稿、一起做案例的機會，讓這些合作方可以藉 LINE 的高知名度得到曝光。

4. **產品技術：**

一些擁有關鍵技術的公司，可以將技術做為談判籌碼。實際舉個例子，印度最大的行動支付App「PayTM」裡面的新聞內容就是阿里巴巴文娛集團內建進去的。我們通稱此模式為白牌（White-Labeling），好處是可以分到對方的廣告收益，同時得到產業頂級玩家的認可，讓我們更容易對外談合作。

初階的BD，既不時尚也不性感

BD可以做簡單且機械化的事情，也可以玩出複雜多變的花樣。**初階的BD，日常工作就是兩個字「拓展」，聽起來既不時尚也不性感，但卻是實實在在的基本功。**如果在拓展階段能逐步提升效率和精準度，就代表可以往下個等級前進了。以下舉幾個例子。

我曾經任職的C社在全球有超過三十億App用戶下載量，仗著如此龐大的用戶基礎，公司決定嘗試打造一個廣告聯播網，讓企業主們願意在這個大平台上投放廣告。而為了讓這個「聯播網」可以覆蓋到更多用戶、讓廣告主的廣告能被更多人看見，公司即指派BD團隊去邀請更多的App加入廣告聯盟的行列。

然而BD任務的困難點在於，這些App的開發商我們都不認識，再加上我當時負責的是歐美市場，這些公司更沒有理由搭理我們這個亞洲來的工具型App。但為了達成目標，也只好硬著頭皮拚了。那時BD團隊每天做的事就是先看 Google Play 排行榜，然後從官網、LinkedIn 找聯繫方的電子郵箱做陌生開發，默默等候對方回覆。

聽起來好像不難，但現實狀況是：要找到對方的聯絡方式全靠運氣，寄出的合作邀約信，若有百分之五的人回覆就已是奇蹟，更別說若能談上話，即使是一分鐘，都感動得令人落淚。過程中我們逐漸發現寄信的標題要越吸睛越好、內容要越簡短到位越好。甚至還有人想出新點子，把名字、郵箱頭像都換成美女同事，而我更是成功徵求到辦公室裡當過模特兒同事的同意，回信率瞬間提高到百分之十五，碾壓所有同事。

再講一個例子，LINE@ 生活圈這個產品在台灣落地時，我接下了負責拓展合作店家的任務。起初團隊會從自己常去的店家開始，逐個約會議做拜訪推廣。後來日本總部傳達了 KPI，半年要完成幾千家，逼迫著我們必須找到更有效率的方式，於是我做了以下嘗試。

1. 我們拿了一本中小企業黃頁（你沒看錯，厚到懷疑人生那本）來研究，發現台灣一半的中小企業都是餐廳和零售商店，只要摸熟了這兩個群體就能快速複製合作模式。於此同時，如果能把連鎖店的總部搞定，就能一次搞定幾十或幾百家，不失為效率倍增的好方法。

2. 我們制定了洽談的 SOP 和 FAQ，包括電話打過去該怎麼說，面對店家會提出的各式問題，該如何精確的解決他們的疑慮等等小撇步。

3. 接著，我們找了幾家較知名的餐廳做成功案例，展現 LINE@ 拉回頭客的功力。最後靠著簡單但強大的 SOP，輔以極具說服力的成功案例，團隊達到三步驟溝通談下一家的高效率，六個月內引進一萬家中小企業合作，超標達成 KPI！

看到這裡你可以發現，初階 BD 的拓展工作要做的好，首先需要對市場有清楚的判斷，知道該和哪些夥伴合作能產生最大效益，接著要能提出簡單且有效的溝通 SOP、FAQ，讓合作對象「無痛上手」，最後建立標竿式的成功案例，增加團隊和市場的信心。

高階的BD，用強大的三個武器呼風喚雨

如果初階 BD 只是負責拓展，那麼業界裡呼風喚雨的高階 BD 又有什麼厲害的地方呢？

高階 BD 的過人之處，不外乎三個強大且不可被取代的武器：「情報力」、「資源力」和「Mapping 力」。

✓ 情報力

BD身為公司第一線的人員，就像是派在市場上的探子，對手做了什麼動作、趨勢往哪裡走、和哪些夥伴合作能提高戰略價值，甚至什麼公司值得投資，都是BD不可疏漏的資訊，以最完整的情報制敵機先，協助企業高層做出戰略決策。

✓ 資源力

高階BD都下過扎實的拓展馬步，認識各行各業的合作夥伴，甚至在雙方都只是社會新鮮人時就曾互相合作，現在朋友們都已經各霸一方。這些資源構成了極高的壁壘，無論是新業務要落地市場，或是競品同質性高、需要以量或質取勝的時候，這樣的資源型BD有機會透過強大的人脈關係，碾壓其他還在一步一腳印陌生開發的小毛頭。

✓ Mapping力

常常我們發現，拿著公司已有的合作方案拓展完一輪之後，自身產品其實無法滿足市場上的實際需求，這時就需要運用「Mapping」的能力來突破僵局。

Mapping若翻譯為組合能力或是拚圖能力，感覺都不夠到位，但其強調的就是能掌握外部市場、以及內部團隊的資訊和資源之後，發揮創意，找到可以雙贏甚至「三贏」的模式，最後說服公司內部做出相對應的調整，再拿著新的模式和夥伴達到多方共贏，可說是一種具戰略思考、資訊統整與方案形成的多層次整合能力。下面這個「三贏」的例子能讓你更快理解。

阿里巴巴文娛集團在印尼與印度市場的主力產品，是一款類似 Chrome 的手機瀏覽器，以及像台灣 Yahoo 新聞一樣的內容平台，主要目的是作為中低端手機用戶的上網入口，只要安裝這個 App 就能上 Facebook、關鍵字搜尋、看新聞、部落格、YouTube 等內容。

發展初期，BD 透過廣告收益分潤的模式，以流量和金錢作為誘因，快速把市場上大半的媒體、部落客及 YouTuber 囊括到了平台旗下。不過，問題也接著來了。雖然平台的每月活躍用戶數破億，但流量畢竟是有限的，許多大媒體開始要求更多流量，甚至獅子大開口索要高額固定授權金。BD 用盡各種方式，博感情、做聯合行銷，仍然無法讓大部分媒體滿意。

我嘗試往問題的源頭思考：「所有媒體都希望有更多流量」，該怎麼辦？

方法一，是增加我們平台流量增長的速度；方法二，是找尋別的機會幫助媒體自己達到流量增長。從印尼、印度的內容消費來看，體育和娛樂占整體流量的大宗，但因為體育的賽事版權通常被大媒體集團高價壟斷，機會不大，而娛樂熱點則集中在熱門的明星八卦、電影和演唱會。

我心想，何不發揮三贏的精神，在現存的兩方——我們及媒體之外，引進這些第三方的「娛樂熱點源頭」合作，創造三方共贏的新模式呢？

1. 讓明星和電影透過一次性和我們合作，得到平台和眾多媒體的大量曝光，省去原先要付給公關行銷公司的成本。
2. 媒體拿到明星和電影稀缺的內容或採訪。這讓無論是媒體自身網站或是我方平台，都吸引了更多的流量。
3. 我方平台承接媒體產生的優質內容，同時還因為幫助了媒體，增加了我方在媒體圈和娛樂圈的影響力。

於此同時，我不只照顧到外部合作夥伴的利益，也幫助了公司內部的各相關部門，行銷團隊能因此和知名電影、明星做跨界行銷，產品運營團隊能夠以這些內容衝高用戶數，而銷售團隊亦能藉此探索進一步的商業廣告機會。

最終，我們不只促成了多方的進一步合作、還使整個項目規模化，每個月與多位寶萊塢影星和歌手合作網路綜藝節目，這下不只媒體和合作夥伴開心，我們也獲得了整個娛樂行業的認可。而這一系列的節目，還讓我們隔壁的銷售團隊包裝成冠名廣告售賣賺錢了。沒錯，BD就是這麼好玩！

BD當然可以吃！

從穩定性和薪水論，一般的銷售人員會以業績的多寡來決定薪水，如果沒達到KPI，薪水很可能慘不忍睹。而BD偏向團隊整體對公司貢獻的浮動考核，雖然沒有業績獎金，但是底薪基本上會比銷售人員高。另外相較於難以量化產出的行銷人員，BD較能給出可量化衡量的成績，更有理據拿著成績往上談條件，所以BD的整體薪水也通常比同階級的行銷人員高。

若從「升遷空間」論，BD進可攻、退可守，既能做到屬於行銷範疇的擴張用戶量、異業合作，又可以和合作夥伴洽談新的獲利模式，要轉做行銷或是銷售人員都輕而易舉。同時因為要維護拓展進來的夥伴，商業運營的能力也能在日常作業中得到鍛鍊。

因為身在市場前線，BD也有機會幫公司探索高潛力的新業務領域、甚至談到一些優質的創業團隊讓公司投資，運營、戰略投資也都能沾到一些邊。最後，如果真的在一個市場成功扎根，把觸角穩定延伸到上述的各領域，基本上也就離分公司總經理的職位不遠了！

如果你也享受「談笑間，檣櫓灰飛煙滅」的寫意與快感，BD或許就是你馳騁職場的最佳角色！

3-4 年薪千萬後，你敢FIRE自己嗎？

回顧二〇〇八的年度大事，當年最轟動的消息不是政黨輪替，是一個人的辭世。只有「經營之神」王永慶的離開，才能引起全台如此的震驚與嘆息。

當時，王老先生高齡九十二歲仍操心公司事務，親赴美國視察生產線，但似乎因為不適應劇烈的氣候變化而引發呼吸道不適，不幸沒能撐過，撒手人寰。

他身後留下的，是七萬名員工、年營收二點四兆新台幣的台塑集團，以及六百億元的遺產。那年我甫成為大學新鮮人，立志要以王永慶先生為目標，建立留名青史的商業帝國，讓自己和子女有享不盡的榮華富貴。

十年後的二〇一八，我隻身在北京出差，和朋友大啖烤鴨後坐車回到飯店，閒來無事打開「今日頭條」App，無意間看到了另一個故事——馬雲：「邵亦波是個天才，我只不過是踩在天才的肩膀上才有今天的成功。」

在淘寶網都還沒出現的一九九九年，有一位網路圈的前輩就創辦了電商「易趣網」，成為中國第一家C2C電商，這個馬雲口中的電子商務天才，名叫邵亦波。易趣網在半年內註冊用戶就突破十萬人、達到七千萬人民幣交易額。同年，馬雲也成立了B2B電商阿里巴巴，正值中國互聯網英豪輩出、逐鹿天下的年代。

然而好景不長，隨著二〇〇〇年第一波互聯網寒冬來襲，騰訊的QQ通訊軟體四處兜售卻苦尋不著接盤人，阿里巴巴也面臨資金短缺，連下個月工資發不發得出來都不知道；這一頭，邵亦波的易趣網卻逆勢成長到三百萬人註冊，等於當時中國每十位網路用戶中就有一位是易趣網的註冊用戶，更從美國成功融資上百萬美元資金，到了二〇〇三年，更拿到新一輪兩千萬美元的投資，一舉將電商市場佔有率衝到百分之八十，在資金充足、用戶捧場下，前景一片看好，那年他才二十九歲。

同年七月，邵亦波卻宣佈將公司賣給美國eBay，放棄正在起飛的中國市場，把領頭羊的優勢拱手讓人，也給後來的淘寶留下了發展空間。兩年後eBay經營不善，淘寶躍居市場第一，從而有了現在的阿里巴巴經濟體。如今阿里巴巴具有四千億美元市值，馬雲也擁有幾千億身家。

若當初邵亦波不急流勇退，這些舉世的成就與財富或許都是他的囊中物。為何他在二〇〇三年突然放棄了一切？原來當年他的岳父過世，邵亦波的妻子因為過於傷心而希望回美國靜養。於是他毅然決然放下一切事業，陪伴妻子赴美療傷，真正的做到為了美人與家庭放棄江山。而後，邵亦波用經營企業的精神，專注做一位好老公、好爸爸，並成立創投資助有潛力的新創。

如果你能選擇，你會當王永慶先生，還是邵亦波先生？

「人若賺得全世界，賠上自己的生命，有什麼益處呢？」

《聖經》當中的路加福音第十二章中，耶穌講了一個有名的比喻，大意是一位財主依靠田產發家致富，一心想著要建更大的倉庫、賺更多錢，卻想不到上帝當晚就取走了他的性命。當耶穌向自己的門徒們預言自己會受難復活的時候，祂也告訴他們上面那句話：「人若賺得全世界，賠上自己的生命，有什麼益處呢？人還能拿什麼換生命呢？」

從我看到邵亦波故事的那天起，他就成了我心目中新的典範和榜樣。對我來說，他是一位智者，知道什麼時候收手，什麼時候享受。

知道什麼時候出手，是個成功的人；知道什麼時候收手，是有大智慧的人。

你敢FIRE自己嗎？

「F.I.R.E.」是九〇年代歐美開始流行的觀念，全名為「Financial Independence and

Retiring Early.」意思是「財務獨立、提前退休」。

在一九九二年出版的一本暢銷書《富足人生：要錢還是要命（*Your Money or Your Life*）》當中，對這個觀念有比較完整的論述，其核心概念是：精準的計算每日開銷，存到一個目標存款後就提前退休，然後用存款的本金做合理投資，每年的支出只要在投資獲利範圍內，錢就永遠花不完。

在某篇文章裡，描述一位在三十五歲實現 F.I.R.E. 成就的年輕人，他的生活樣貌是這樣的：雖然他的年收高達十三多萬美金，卻每天在公司待到十點，只為節省電費和網路費，甚至還會前往熟識的餐廳回收剩下的食材做成三餐便當。他住在不到十坪大的房間，同時盡量減少娛樂花費，終於達成了三十五歲退休的目標，並且在退休後仍然保持著節儉的好習慣，確保不會把儲蓄提前透支。

「F.I.R.E.」的概念就像一盞明燈，把我夢想中的人生規劃照亮開來。但眼前還有兩個殘酷的現實問題需要面對：

1. 我是個物慾很強的人，無法忍受 F.I.R.E. 理論的刻苦生活。
2. 如果提早退休了，那麼後面的人生，又該如何規劃？

問題一、物慾很強怎麼解？

實話面對自己：我是個存不了錢的人。

舉個例子，第一份在S社的工作月薪只有兩萬七千元，我能天天吃便當、做社交絕緣體（其實是天天加班沒時間），但幾個月後存到了錢，卻立刻買了一只七萬元台幣的Prada小牛皮公事包。

在離開S社、前往L社就職前的空檔，我一個人去歐洲旅遊，將信用卡刷爆了十幾萬，緊急和幾個兄弟借錢才得以償還卡債，回國後也花了好一陣子苦苦償還債務。

薪水少的時候，我就已經會為了購買精品而透支基本的生活開銷。當真正開始拿上幾百萬年薪的收入之後，我更發現以往覺得高不可攀的享受似乎都成了自己不喜歡的次級品，成天想著：如果現在就買了普通的房子和車子，那麼等之後買豪宅、跑車、遊艇時，這些先前的消費，不就都成了雞肋？

有這樣恐怖的物質慾望黑洞，又怎麼可能有財富自由的一天？

好在長年的海外生活，讓我開始發現「極簡」的美，體會到減法心態的如釋重負。如前篇所述，瘋狂的出差，讓我體驗到身無長物可以多麼輕省；也因為時常搬家、房子裡的家具與擺設日漸減少，反而越散發出一種樸實的美，我也逐漸失去了購買精品炫耀的慾望。

我的物慾的確減少了，但是我仍然不想為了提早退休，讓自己從現在開始就要精打細算的過苦日子，那麼該怎麼辦呢？

我決定提出「自己的F.I.R.E.版本」：不是為了提早退休而努力，而是為了提早「不為錢工作」而努力；不是真正的停止工作，而是停止「為錢而工作」。

我和老婆共同精算了一個數字，如果三十多歲存到三千萬台幣做為本金，以市場投報率年化百分之四來算，一直到一百歲之前，每個月我們能拿出十萬台幣做生活費。在節省一點的狀況下，還可以每半年落腳一個從沒去過的國家，長住或深度旅遊都負擔得起。

同時，我仍然能以專案顧問的形式，為我所認同的企業發揮所長，就算和案主有不合的價值理念，我也有充分的自由和底氣，無懼於公司政治的威脅，過上自己與家人想要的生活。

問題二、如果提早退休了，接下來我可以做什麼？

我的新版本 F.I.R.E. 仍然需要花費部分時間在工作，只是停止為錢而工作，所以應該也不會太閒。餘下的時間規劃，我傾向用「工作」、「興趣」和「關係」這三個維度來檢視自己。前面談了那麼多工作，我們聊聊興趣和關係吧！

✓ 興趣

泛指一切正職工作外的嗜好和項目。我把自己的興趣分成三大類：

1. 職場的延伸：

包括經營 XChange 社群，以及非正職的副業。例如在 L 社就職的時候，我就曾利用下班後的時間，創了一個食物共享平台 CookingLab。

2. 做有趣的事：

我從小就是個坐不住，愛好探索各種興趣的孩子，至今每半年都會找些新鮮事來研究。包括最近開始探索的當代藝術鑑賞、每季至少一次的出國旅遊、以及每週至少五天的健身運動。另外，我從幼稚園開始學小提琴和中提琴，雖然程度不到專業水準，但聽到動人的電影配樂時，還是可以臨摹幾首，今年也首次進錄音室馬馬虎虎地弄了一張專輯，配上旅遊各國的空拍影像做成MV自娛娛人。尤其後來老婆學了鋼琴，偶而還能一同合奏一曲。

3. 記錄當下：

把每個正在經歷的思考、感受寫成短篇，目前在《遠見雜誌》、《關鍵評論網》有專欄，包括正在下筆的這本書，也是我人生階段的一個記錄。

✓ 關係

泛指所有我在乎的關係，大致分為四類：

1. 作為我人生價值基底的基督教信仰。
2. 永遠做我避風港、支持我的家人。
3. 我生命中最重要的人——我的老婆。無論工作對我們多重要，如果最終決定要步入婚姻，那花時間在另一半身上，永遠都是最值得的投資。無論其他人怎麼看你甚至放棄你，另一半是會陪你走過此生的戰鬥夥伴與人生旅伴。尤其能找到一位願意一起面對未知與風險、共同出海打拚的伴侶，更是千金難求。同時，我很清楚的認知自己是個容易被感情影響工作的人。結了婚讓我浮躁的一顆心更加錨定、更能在工作上全力以赴，穩定深厚的感情狀態就是我最好的後盾。所以在家庭和工作之間，我期許自己永遠不偏廢。

4.朋友方面，我最感謝的就是那些在我還一事無成時，願意在身邊做朋友的同輩，還有走過人生與職場的江湖風浪，依然願意不藏私、傾囊相助的前輩。尤其是XChange這群兄弟姐妹們，在彼此還是「職場小白」時，我們一起成長、一起變強、一起征服世界的革命情感，真的無法用簡單的白紙黑字來呈現我心裡澎湃的感謝與榮幸。

還記得在出社會的第一天，我建了一個追蹤表，按照這工作、興趣和關係三個維度，把每年的目標、實際達成的情況記錄下來，同時盡可能讓三者都分配到足夠時間。這也意味著，就算少了「工作」這個維度，興趣與關係仍足夠豐富我的生活，不至於無所事事。

總的來說，最理想的狀況就是四十歲那年，我可以每天有愉悅的心情做點工作，為社會貢獻產值；同時有大把的時間陪家人和孩子、繼續鑽研我的各種興趣，展現自我價值。這是我奔向三十歲之前的人生大夢，希望年屆四十我還是能不忘初衷。

你說這些想法癡人說夢？我說眼前的現實如此殘酷，夢想還是要有的。

3-5 走到這一步，算是成功且幸福了嗎？

提筆寫下本書至此約有近七萬字，回首卻是整個職涯青春的七年，也是而立之年以前的一個人生記錄。人生還很長，奔馳在不到三分之一的半路上，對於未來的諸多未知與可能性，我仍抱持希望。

在本書尚未開始動筆之前，出版社編輯問了我一個切中要害的問題：「是什麼關鍵讓我走到這一步？」

所謂「切中要害」有兩層意義：

第一，「走到這一步」可以是褒義詞，更可以是貶義詞，例如是「他怎麼淪落至此，走到了這步田地啊？」或者「他太厲害了吧，怎麼走到這一步的？」

老實說，當時我真的無從確認自己是哪一種情況。

第二，這七年來的風雨前行，要我簡單總結出一個關鍵，委實困難。我很想說，這整本書就是自己總結出來的職涯發展心得，但為了逃過編輯大人的追殺，我勉強給了一個聽起來官腔的答案：「是自己所深信的核心價值讓我走到這一步。」

雖然聽著迂腐，卻也是我的肺腑之言。**所謂的核心價值，正是「我覺得什麼才是最**

重要的」、以及「我對成功的目標與定義。」若用心理學的話來說，就是我給自己設定的信念固著 (Belief Perseverance) 使然。

人的一生，是為了發大財？

二〇一二年，馬英九連任第二任總統、阿拉伯之春爆發、金正恩上台、中國召開領導人換屆的十八大會議……，時局似乎動盪，卻也充滿新的可能，那是我出社會的第一年。

甫入職場時，我覺得最重要的事情就是「發大財」，並不是模仿某位政治人物，發大財確實是我當時生活的最高指導方針。但是「有夢最美、築夢踏實」，我必須正視自己所身處的現實，關於資本與籌碼：我一無所有。

雖得以從法律系畢業，但是書沒讀好、也不想考高考，律師、司法官的職涯窄門對我而言是條死路。而最能發大財的金融和科技產業中，數學卻又是我最痛恨的學科，經過一番刪去法後，就只剩科技產業是我全部的希望了。

這七年來，我把在這整本書中分享的職涯心法、內外武功通通都用上了：

✓「用工作三維：市場／產業／職務定位自己」

首先，跟著當紅的產業、地區市場做移動：從產業維度論，我在智慧型手機爆發的時候進入S社，在手機App起飛時加入席捲全台的L社，在中國App開始出海打世界盃的時候跳到C社、共襄盛舉拿下三十億用戶，在中美搶佔新興市場時、轉進印尼與印度深耕。每一次進場，似乎都幸運地剛好在準備起飛的時刻。

從職務維度論，我經歷了自己最有興趣的「行銷」，也嘗試了以為能賺比較多的「業務」，最後終於找到自己的天命——集前兩者於一身的BD。

✓「用鐵三角定律：實力／人脈／故事補強自己」

人脈層面，我透過大公司的品牌為自己累積資源，同時和XChange的夥伴一起打群架、共享資源、廣結善緣；故事層面，我套用「三的三次方歸納」，每隔兩個月把目前的成績畫成樹狀圖，勤於「儲存遊戲進度」，打造隨時能上場面試的故事。

實力層面，我為了累積自己的實力，適時的臥薪嘗膽、忍受公司內前輩的居高臨下，逼自己用上位者的腦袋思考，讓自己至少每兩年能升一個位階。

摸清楚公司的績效規則後，我要自己永遠處在團隊的前百分之十，同時在市場上看機會，立於不被公司選擇的不敗之地。最後，我用時間投資法，把生活中的瑣事用低成本外包出去，下班之後就能專心陪老婆和經營自己的興趣，用低價格換取高價值。

✓這一路既然風風雨雨，也少不了跌入各種坑洞

比如在面試的時候被未來上司拍著桌子說道：「只要我還在這間公司，你進來就不會有好日子」；或被公司HR的「口頭承諾」糊弄，喪失了至少一年七十多萬的津貼，事實上這不只發生在Christina身上，我也是相同處境的受害者；也曾為了放不下一時的情感，狠狠錯失了期待已久、即將到手的分公司總經理位置。

無論如何，在振筆疾書的此刻，人生已悄然走過了二十八個年頭，財富上我也似乎達到了一個「發大財」的新高點：年薪七百萬新台幣。

幸福是，財富自由？

錢的確是多了，我一個月到帳的可能是別人一年的薪水，大家都說「財富自由」，

但財富真的可以帶來自由，還有快樂嗎？

隨著戶頭存款忽然變多了，原本穩定的世界政治經濟格局也瞬間變天了。自二〇一八年互聯網投資市場緊縮、二〇一九年中美貿易戰越發猛烈以來，印尼、印度這些以人口紅利著稱、但短期賺不到錢的市場，都開始被嚴正的檢視投資回報率（ROI），我們公司也開始對印尼市場啟動軟性的棄保政策。

為何選擇棄印尼保印度？很簡單，如果兩地都需要再好幾年才能正盈利，印度人口基數與潛力更大，只能選一個的話，答案顯而易見。當時我身兼印尼、印度與廣州三地BD團隊的Leader，因為公司政策轉向而必須長期派駐印度，雖然薪水給得更多，而且帶了近二十人的中型團隊，但印度整體的生活環境與社會水平仍是讓我不敢恭維。

我不是一個不肯吃苦的人，畢竟跌跌撞撞之中，也承擔起這些年來的挑戰、責任與變動風險，如果再吃五年苦，我或許就能實現那個半退休計畫了。但我和老婆正期盼要生寶寶，而印度的生活環境我們認為並不適合小孩成長，老婆做為全職太太，在印度也不太安全。當然，另一個可能的方案是：生了小孩、讓老婆回台灣帶，我隔幾個月回去看一次她們，但這真的是我們想要的生活嗎？

我不服輸。

把老婆送回台灣等待的同時，我則卯足全力到處面試，希望能回到東南亞、回到以前雅加達CBD區天堂般的生活。基本上，業內領導品牌的大型互聯網公司我都幾乎都拿到了Offer，但是任何公司都付不起我現在的薪水，至少要砍三百萬。

你此刻大概知道，我所面臨的是什麼樣的選擇了吧？

這整個「拿到Offer、薪水談判失敗」的循環持續了整整半年，我的精神極度脆弱和灰心喪志，覺得自己被錢綁架在了印度，每天都在問自己，到底該不該用降幾百萬年薪，來換一家人幸福的生活在一起？

回到開頭編輯的問題：「是什麼關鍵讓我走到這一步？」

這樣你也可以理解，為何我前面說過這個問題在這裡算不上是稱讚了吧。**這半年荷包豐富但心靈乾枯的日子，逼得我重新思考「什麼是最重要的」、「什麼是我認為的成功。」**

在已經取得了主流價值認定的成績以後，我才懂得要回過頭來思考這些最基本的問題，真的十分諷刺。

我發現過去每一年的跨年、或是發社群貼文談生日感言時，自己都陷入一種類似上市公司發財報的焦慮當中，好像一定要薪水、職位的年成長幅度超過去年才足夠、才敢拿出來見人。我無時無刻都在焦慮，害怕朋友們覺得我不再厲害、或是發現自己又被哪個後輩比了過去……。我的確擁有了更多傳統意義上的成功，但也陷入了更大的安全感黑洞。

做為一個基督徒，我知道這是該來到上帝面前禱告的時刻了，但自從到海外工作以後，我就從來沒有穩定的去教會，雖然當中有嘗試去英語教會，但總覺得格格不入。

然而在被調離印尼前的一個月，我們幸運的認識了一對年輕的牧師夫婦，牧師John是曾經在台積電做工程師的台灣青年，他的太太Angel則是在台灣讀書的印尼華僑。他們受到感召，一起返回印尼幫助說華語的年輕人堅定信仰。我在認識他們的當下，真的又驚喜又感動，覺得上帝聽到了我的祈禱，雖然這對牧師夫婦不是為了我們而來的，但我心中可以深刻感受到，是上帝看到了我的困境，把他們與我拉到了同個時空。

在外派到印度的前夕，我有幸參加了幾次聚會，地點在城市北邊巷弄間的小小空間裡，大家帶著各自煮好的家常菜來分享。人不多，有台灣來的留學生、有各地來工作的朋友、甚至好多帶著口音的印尼華僑老伯伯老奶奶。在我記憶中對那裡最深刻的印象，是當時他們唱了一首詩歌〈幸福〉，歌詞當中有一段是這樣的：

「它並不是遙不可及，也不需要完美主義；

它是真實而簡單地，活在主愛裡；

幸福是，珍惜現在擁有的感謝上帝供應；

幸福是，分享自己領受的叫別人得利益；

幸福是，相信聖經所寫的每句都是真理；

幸福是，卸下重擔給上帝因祂必看顧你。」

我唱著唱著，竟然忍不住痛哭起來，我深怕老婆笑我，轉頭偷偷瞄她，卻發現她跟我一樣，也哭得不成人形……。

我想，這樣的幸福應該是每個靈魂共同的渴求，它不一定是千萬年薪、跑車豪宅，但一定是心裡平安喜樂、家人幸福健康。回頭一看，其實上帝在短短幾年內給了我們這麼多，這些真的不是我單靠自己努力就能到手的，更多是上帝的憐憫和恩典、別人口中的幸運。

失去一點算什麼？最多就是回到去年或前年的狀況，祂曾經從無到有地給過我許多，為何我沒有信心祂會繼續為我預備前方的道路？

這半年以來，我第一次認真的學習「感謝」，感謝上帝賜給我的一切；學習「忍耐」，這種我從未好好經歷過的忍耐和等待；學習重新定義「成功」和「幸福」；學習調適心態接受可能的降薪；學習認識在職稱頭銜之外，我是誰。

把人生拉長線來看，在這時候就能碰到這樣小小的不如意、把成功和幸福的定義微調過來，真的好過奮鬥到了四十歲才來懷疑自己的人生。

這只是故事的開頭，我還在半路上

在寫這些字的當下，我還沒有任何明確的決定。能不能有令我滿意的職缺、重新回到回東南亞，抑或是留在印度，試著喜歡上這個環境？我還沒有答案。

我仍然在練習靜下心聆聽自己的聲音、上帝的聲音，嘗試把人生遊戲當中的這個魔王關卡解開。

如同本書的編排邏輯，面對這個龐大的職場遊戲，我們有反求諸己的馬步內功需要扎穩，有前人的經驗與奇技大招可以做為外功，也有別人不敢輕易嘗試的副本等著我們來挑戰。但就算你我準備的再充足、實力再強，走每一步時，前方依然得面對未知的各種變數。

在半路上的我們，最常遇見的終究是自己的心魔。如何拾起自信、勇敢邁入重重迷霧，我想用《聖經》裡的一句話勉勵彼此：

「上帝的話是我腳前的燈，是我路上的光。」——詩篇一一九篇一〇五節。

就像是經典即時戰略遊戲「世紀帝國」當中的戰場迷霧設定，哨兵每往前踏一步，才能撥開一小塊迷霧、看到前方的風景。迎面而來的，可能是任你宰割的小羊、也可能是排山倒海的敵軍，這都不是我們能控制和預料的。

所以在後半生的道路上，我願意繼續讓上帝做我腳前的探照燈，做我迎向未知挑戰路上的光。下半場即將開始，Are you ready？

人生沒有捷徑，也沒有僥倖。願你我都能行的平安、勇敢無畏，並隨時聽從自己的心。

後記

感謝上帝，在全書完成的幾個月後，我在集團內拿到機會，至東南亞最大的電商擔任副總，雖然因為公司簽約的限制，我放棄了價值千萬台幣的股票，但好處是能常駐泰國曼谷。生活的環境確實宜人許多，住在鬧中取靜的日本社區，公司又在貴婦百貨樓上，走路只要五分鐘就能到達。而踏出家門，開車兩小時內便可抵達芭達雅和華欣等度假勝地。

這似乎就是故事尾聲的那種完美大結局，從此和老婆過著幸福快樂的日子？

沒料到的是，新的工作崗位極度忙碌。團隊夥伴和我天天忙到晚上十點才能下班，就連週末都要撥出一天加班，簡直就是名副其實的「九九六」啊！尤其我在下半年促銷季節時上工，舉凡大活動九月九、雙十一、雙十二，都是全公司週末加班到凌晨，簡直是「〇〇七」的工作步調。

玻璃帷幕外的花花世界再美好，當你被關在辦公樓裡時都毫無意義。無緣享受泰國的愜意生活，每天回家時老婆也已經睡了，夫妻間甚少有時間交流。她貼心地體諒我需要休息，就算生活中有任何不順遂，也盡量不打擾我、不願讓我知道，但卻也使我們的夫妻關係降到了新的低點……。我又想起那些從小聽到「有了事業沒了家庭」的遙遠故事，而這一次，這個故事離我好像更近、更寫實了一些。

除了自身生活的改變之外，鏡頭拉遠一點，全球這半年間還發生了幾件大事：

COVID19，這場百年一遇的全球性流行病，不分貧富，已奪走無數性命，改變了世界經濟格局和人們的生活面貌。而今各國仍然與疾病做殊死抗戰，疫苗預計還要一段時間才能量產，各行各業面臨產能大減、消費低迷的困境，誰也不知道春天何時才會到來……。

Kobe Bryant，全世界男人的偶像，每位男孩的籃球精神啟蒙，他在球場上拚搏了二十年，得到五枚 NBA 冠軍戒指、兩次奧運金牌，退休後還拿了一座奧斯卡小金人，卻在一場直升機意外中驟然殞落，那個凌晨媒體報導出來時，我們都不敢相信這是真的。

Kanye West，一個站在嘻哈音樂頂端的男人，集才華、魅力、自大於一身，說出了他自認是神、想要參選美國總統的各種狂言，在創造巔峰的同時，也飽受精神疾病纏身和外界指責的困擾。沉潛期間他皈依了基督教，復出後譜下膾炙人口的福音專輯《*Jesus Is*

King》，用音樂才華傳揚這個讓他找回寧靜、快樂的福音。

全球性的災難，以及發生在這個世代各領域名人身上的轉變，都悄然激起我去重新思考人生的意義。

在泰國碰到的難題和印度乍看相反，印度是工作好、環境差；泰國是工作疲累、環境好，但分析這兩者的本質，其實是同一件事：

有形的富足（工作、金錢、職級）與無形的富足（家人、生活品質）孰輕孰重？在最痛苦、最懷疑人生的時候，通常也是最願意思考人生意義的時機。在同時受到Kobe、Kanye等精神榜樣的啟發下，面對這一題，我正在慢慢堅定屬於自己的答案：信仰是我的基底，再來是家庭，再來才是事業。

工作似乎是最外顯、最容易取得成績和受人注目的，但那都是建築在家庭和信仰基底的穩定之上，若為了事業成就而荒廢了基礎，那是最目光短淺、最傻的行為。

許多偉人的故事都給我們如此啟示：「你以為的成功，其實是成功者眼中最不重要的東西。」這似乎顛覆了整本書中提到多次、顯而易見的成功學思想，無異於在最後幾張紙上狠狠地回馬一槍，打臉自己書寫的幾萬字，也背棄了過去奮鬥多年得以堅持到底的方法與信條？但這或許才是更誠實的面對內在自己，更成熟地面對外在眼光。

如果說衝得快，是靠過人的能力和機運；那要能走得長久，則是靠過硬的心理素質。無論事業和人生皆如此。

過去平步青雲時，我無比自大，但其實天天提心吊膽，害怕今年薪水、職級的成長不如外界預期，但事實上除了我自己，又有多少人在乎這些表象？

如果別人真的很在乎又怎樣，你為什麼要在乎他們的在乎？

自大與自卑其實是一枚硬幣的一體兩面，支撐自大表象背後的正是無比的自卑，深怕工作成就往下走了之後，一輩子就這樣了，連自己都會瞧不起自己，只好逼自己在職涯這場遊戲中一路矇眼狂奔，換取微薄的安全感。

然而真正的自信，是知道自己的能力和在市場中的位置，從而有打從心裡來的底氣與力量。

《聖經》裡說道：「要看得合乎中道，不要把自己看得過高或過低，把一切憂慮卸給神。」

人生很難，我也才正要邁入三十，而立的眼前依然迷霧重重，但無論你我處於順境或逆境，都不用過於焦慮。就像我們曾經走過的青春期，臉上惱人的痘痘，總是會消失的。

而所有當時的青春芳華、年少輕狂，都是造就你今天模樣的籌碼與印記。

高寶書版集團
gobooks.com.tw

新視野 New Window 207

別輸在只知道努力
任職三星、LINE、阿里巴巴頂尖公司，90 後外商副總教你打破年薪天花板

作　　者　許　詮
主　　編　楊雅筑
封面設計　黃馨儀
內頁設計　賴姵均
企　　劃　何嘉雯

發 行 人　朱凱蕾
出　　版　英屬維京群島商高寶國際有限公司台灣分公司
　　　　　Global Group Holdings, Ltd.
地　　址　台北市內湖區洲子街 88 號 3 樓
網　　址　gobooks.com.tw
電　　話　(02) 27992788
電　　郵　readers@gobooks.com.tw（讀者服務部）
　　　　　pr@gobooks.com.tw（公關諮詢部）
傳　　真　出版部　(02) 27990909　行銷部 (02) 27993088
郵政劃撥　19394552
戶　　名　英屬維京群島商高寶國際有限公司台灣分公司
發　　行　英屬維京群島商高寶國際有限公司台灣分公司
初版日期　2020 年 6 月

國家圖書館出版品預行編目（CIP）資料

別輸在只知道努力：任職三星、LINE、阿里巴巴頂尖公司,90 後外商副總教你打破年薪天花板 / 許詮著;.
-- 初版 . -- 臺北市：高寶國際出版：高寶國際發行,
2020.06　面；　公分 . -- (新視野 207)

ISBN 978-986-361-866-9 (平裝)

1. 職場成功法

494.35　　　109007509